U0725542

建设工程监理案例分析（土木建筑工程）复习题集

全国监理工程师职业资格考试辅导编写委员会　编写

中国建筑工业出版社

图书在版编目(CIP)数据

建设工程监理案例分析(土木建筑工程)复习题集 /
全国监理工程师职业资格考试辅导编写委员会编写 .—
北京:中国建筑工业出版社,2021.9
全国监理工程师职业资格考试辅导
ISBN 978-7-112-26515-2

Ⅰ.①建… Ⅱ.①全… Ⅲ.①土木工程—监理工作—
案例—资格考试—习题集 Ⅳ.① TU712-44

中国版本图书馆 CIP 数据核字(2021)第 177018 号

本书紧扣考试大纲,全面把握历年考试情况,有针对性地整理了各考点中的一些重要题目,是参加监理工程师考试的辅导用书。

本书共分 6 章,分别是:建设工程监理理论;建设工程合同管理;建设工程质量控制;建设工程投资控制;建设工程进度控制;建设工程相关法规。

责任编辑:范业庶 张 磊 王砾瑶
责任校对:党 蕾

全国监理工程师职业资格考试辅导
建设工程监理案例分析(土木建筑工程)复习题集
全国监理工程师职业资格考试辅导编写委员会 编写

*

中国建筑工业出版社出版、发行(北京海淀三里河路 9 号)
各地新华书店、建筑书店经销
北京点击世代文化传媒有限公司制版
天津安泰印刷有限公司印刷

*

开本:787 毫米 × 1092 毫米 1/16 印张:13¼ 字数:290 千字
2022 年 1 月第一版 2022 年 1 月第一次印刷
定价:**40.00** 元
ISBN 978-7-112-26515-2
(38020)

版权所有 翻印必究
如有印装质量问题,可寄本社图书出版中心退换
(邮政编码 100037)

前/言

　　为了更好地把握监理工程师职业资格考试的重点，我们组织编写了《全国监理工程师职业资格考试辅导》，本套丛书包括《建设工程监理基本理论和相关法规复习题集》《建设工程合同管理复习题集》《建设工程目标控制（土木建筑工程）复习题集》《建设工程监理案例分析（土木建筑工程）复习题集》。

　　本套丛书主要是将近二十年的考试题目按考点进行归纳、整理、解析、总结，通过优化整合，分析各年考试的命题规律，从而启发考生复习备考的思路，引导考生应该着重对哪些内容进行学习，主要是对考试大纲的细化和考试教材的梳理。根据考试大纲的要求，提炼考点，每个考点的试题均根据考试大纲和历年考题的考点分布的规律去编写，题量的设置也是依据历年考题的分值分布情况来安排。

　　本套丛书旨在帮助考生提炼考试考点，以节省考生时间，达到事半功倍的复习效果。书中提炼了辅导教材中应知应会的重点题目，同时，对应重点和难点题目进行了讲解，使考生加深对出题点、出题方式和出题思路的了解，进一步领悟考试的命题趋势和命题重点。

　　本套丛书的特色与如何使用：

　　1. 把本套丛书中历年真题的采分点，在考试用书中进行一一标记，标记完你就找到了学习的重点，这是本套丛书独有的价值体现。

　　2. 本套丛书中的历年真题都标记了考试年份和题号，方便考生去分析和总结命题规律。比如：（2018—3）就是代表2018年真题的第3题；【20170403】就是代表2017年真题的第4题的第3个问题。

　　3. 本套丛书中没有标记年份的题目，是老师们编写的可能会考核到的一些重要题目。

　　4. 本套丛书中相对难以理解的题目，老师们都做了详细的讲解，可以帮助考生很好地理解题目。

　　5. 本套丛书中的题目是依据考试用书中内容的先后顺序来安排的，因此，同一考点下的历年真题感觉上是没有规律的，这样安排有助于考生对照考试用书学习。

　　6. 本套丛书中的题量是根据考试的频率来安排的，考试频率高的内容安排的题目也多，隔几年考一次的内容安排的题目相对少一些，考试频率低的内容就没有安排题目。

　　7. 把同一考点下的历年真题都整理在一起，考生就会很好地把命题的方式、题干的表达、选项的设置等了解透彻。

购买本书后，考生会得到以下的增值服务：

1. 免费答疑服务： 专门为考生配备了专业答疑老师解答疑难问题，答疑 QQ 群：903768688（加群密码：助考服务）。考生可以在 QQ 群中展开讨论互动，助考老师随时为考生解决疑难问题。

2. 考前模拟试卷： 考试前 10 天为考生提供临考模拟试卷。

3. 必考知识 5 页纸： 在考试前两周为考生免费提供更浓缩的必考知识点。

4. 知识导图： 购书即可免费领取四个科目的知识导图，帮助考生理清所需学习的知识。

5. 提供手机做题： 免费提供手机题库，关注微信公众号"文峰建筑讲堂"即可随时随地做题。

6. 免费为考生提供习题解答思路和方法： 为考生提供备考指导、知识重点、难点解答技巧之类的。

7. 难点题目解题技巧指导： 比如一些计算题、网络图、典型的案例分析题等难度稍大一些的题目，我们会给考生提供解题方法、技巧，也会提供公式的轻松记忆方法。

8. 配备助学导师： 我们为每一科目配备专门的助学导师，在考生整个学习过程中提供全方位的助学帮助。

目 / 录

第一章
建设工程监理理论

知识导学

考试涉及本章的采分点的重要程度依次为:

(1)监理规划与监理实施细则。

(2)建设工程监理组织。

(3)建设工程目标控制内容和主要方式。

(4)建设工程安全生产管理的监理工作。

(5)建设工程监理合同管理。

(6)建设工程监理文件资料管理。

(7)建设工程风险管理。

(8)建设工程监理招标和投标。

监理规划与监理实施细则是每年必考的内容,要结合《建设工程监理规范》来学习,我们把一些题目有针对性地归类到第六章第三节《建设工程监理规范》中。建设工程监理招标和投标考核的概率很小,考生也可以不用学习,但也给大家准备了几道题。

第一节　建设工程监理招标和投标

一、建设工程监理招标方式和程序

【案例1】

　　【背景资料】某工程为国有资金占主导地位的项目,建设单位拟通过招标选择监理单位。

　　【问题】指出建设单位应采取哪种招标方式?建设单位合理选择招标方式时应该考虑哪些因素?

　　【考点】监理招标方式。

【参考答案】建设单位应采取公开招标方式。建设单位合理选择招标方式时应该考虑的因素：法律法规、工程项目特点、工程监理单位的选择空间及工程实施的紧迫程度。

【案例2—20030201】

【背景资料】某工程，监理公司承担施工阶段监理任务，建设单位采用公开招标方式选定承包单位。在招标文件中对省内与省外投标人提出了不同的资格要求，并规定2002年10月30日为投标截止时间。甲、乙等多家承包单位参加投标，乙承包单位11月5日方提交投标保证金。11月3日由招标办主持举行了开标会。但本次招标由于招标人原因导致招标失败。

【问题】指出该工程招标投标过程中的不妥之处，并说明理由。招标失败造成单位损失是否应给予补偿？说明理由。

【考点】建设工程招标管理的有关知识。

【参考答案】（1）该工程招标过程中有以下不妥之处：

①不妥之处：对省内与省外投标人提出了不同的资格要求。

理由：《招标投标法》规定，对于公开招标应当平等地对待所有投标人，不得以不合理条件限制或排斥潜在投标人，不得对潜在投标人实行歧视待遇。

②不妥之处：投标截止时间与开标时间不同。

理由：《招标投标法》规定，开标应当在提交投标文件截止时间的同一时间公开进行。

③不妥之处：由招标办主持举行开标会。

理由：《招标投标法》规定，应由招标人或其代理人主持开标会。

④不妥之处：乙承包单位提交投标保证金的时间在投标截止时间之后。

理由：投标保证金是投标书的组成部分，应在投标截止日前提交。

（2）招标人招标失败造成投标单位损失不予补偿。

理由：招标公告在合同法律制度中属于要约邀请，是希望他人向自己发出要约的意思表示。要约邀请并不是合同成立过程中的必经过程，它是当事人订立合同的预备行为，在法律上无须承担责任。因此，招标对招标人不具有合同意义上的约束力，不能保证投标人中标。

二、建设工程监理评标内容和方法

【案例3—20200101】

【背景资料】某工程，施工合同价款30000万元，工期36个月。实施过程中发生如下事件：

事件1：在监理招标文件中，建设单位提出部分评审内容如下：①企业资质；②工程所在地类似工程业绩；③监理人员配备；④监理规划；⑤施工设备检测能力；⑥监理服务报备。

【问题】指出事件1中监理招标评审内容的不妥之处，并写出相应正确的评审内容。

【考点】建设工程监理评标内容。

【参考答案】事件1中监理招标评审内容的不妥之处及正确的评审内容：

（1）不妥之处一："②工程所在地类似工程业绩"。

正确的评审内容：类似工程业绩。

（2）不妥之处二："④监理规划"。

正确的评审内容：建设工程监理大纲。

（3）不妥之处三："⑤施工设备检测能力"。

正确的评审内容：试验检测仪器设备及其应用能力。

【案例4】

【背景资料】某工程，监理评标办法中规定，采用综合评估法进行评标来选择监理单位，根据评分的标准计算出各投标单位的综合评分，直接选定得分最高的投标单位为中标单位。

【问题】直接选定得分最高的投标单位为中标单位是否妥当？说明理由。综合评估法是对哪些因素进行综合评价后确定的中标单位？

【考点】建设工程监理评标方法。

【参考答案】直接选定得分最高的投标单位为中标单位妥当。理由：可以根据综合评分由高到低的顺序确定中标候选人，也可以直接选定得分最高的投标单位为中标单位。综合评估法是对技术、企业资信、服务报价等因素进行综合评价后确定的中标单位。

三、建设工程监理投标工作内容和投标策略

【案例5】

【背景资料】某工程进行监理招标，某投标单位采用综合评价法来决定是否投标，经过一系列的分析，最终决定投标，成立了投标小组，编制了投标文件和监理大纲。

【问题】常用的监理投标的决策方法还有哪些？分别说明投标文件和监理大纲是反映投标单位的哪些能力？

【考点】建设工程监理投标工作内容。

【参考答案】常用的监理投标的决策方法还有决策树法。投标文件是反映投标单位的综合实力和完成监理任务的能力。监理大纲是反映投标单位的监理服务水平高低的能力。

【案例6—20140202】

【背景资料】某工程分A、B两个监理标段同时进行招标，建设单位规定参与投标的监理单位只能选择A或B标段进行投标。工程实施过程中，发生如下事件：

事件2：拟投标的某监理单位在进行投标决策时，组织专家及相关人员对A、B两个标段进行了比较分析，确定的主要评价指标、相应权重及相对于A、B两个标段的竞争力分值，见表1-1。

评价指标、权重及竞争力分值 表 1-1

序号	评价指标	权重	标段的竞争力分值	
			A	B
1	总监理工程师能力	0.25	100	80
2	监理人员配置	0.20	85	100
3	技术管理服务能力	0.20	100	80
4	项目效益	0.15	60	100
5	类似工程监理业绩	0.10	100	70
6	其他条件	0.10	80	60
合计		1.00	—	

【问题】事件 2 中，根据表 1-1，分别计算 A、B 两个标段各项评价指标的加权得分及综合竞争力得分，并指出监理单位应优先选择哪个标段投标。

【考点】监理单位投标决策方法。

【参考答案】事件 2 中：

（1）相对于 A 标段的加权得分：25、17、20、9、10、8；综合评价得分：89。

（2）相对于 B 标段的加权得分：20、20、16、15、7、6；综合评价得分：84。

（3）应优先投标 A 标段。

第二节　建设工程监理合同管理

一、建设工程监理合同订立

【案例 1】

【背景资料】某工程，建设单位与某监理单位签订了委托监理合同，合同协议书与以下文件一起构成了合同文件：①通用合同条件；②专用合同条件；③中标通知书；④监理大纲；⑤监理报酬清单；⑥委托人要求；⑦投标函及附录。

【问题】监理合同条款由哪两部分构成？同时还以合同格式明确了哪些格式？把上述①～⑦的文件按优先解释顺序排列。

【考点】建设工程委托监理合同的构成。

【参考答案】监理合同条款由通用合同条款专用合同条款两部分构成。同时还以合同格式明确了合同协议书和履约保证金格式。①～⑦的文件按优先解释顺序：③⑦②①⑥⑤④。

【案例 2—20020103】

【背景资料】某建设工程项目,建设单位委托某监理公司负责施工阶段的监理工作。

该公司副经理出任项目总监理工程师。

在第一次工地会议上，建设单位根据监理中标通知书及监理公司报送的监理规划，宣布了项目总监理工程师的任命及授权范围。项目总监理工程师根据监理规划介绍了监理工作内容、项目监理机构的人员岗位职责和监理设施等内容。

【问题】请指出"第一次工地会议"上建设单位不正确的做法，并写出正确的做法。

【考点】总监理工程师的授权。

【考点】建设单位根据监理中标通知书及监理公司报送的监理规划宣布项目总监理工程师及授权范围不正确。正确的做法：对总监理工程师的授权应根据委托监理合同宣布。

【案例3—20140203】

【背景资料】某工程分A、B两个监理标段同时进行招标，建设单位规定参与投标的监理单位只能选择A或B标段进行投标。工程实施过程中，发生如下事件：

事件3：建设单位与A标段中标监理单位按《建设工程监理合同（示范文本）》（GF—2012—0202）签订了监理合同，并在监理合同专用条件中约定附加工作酬金为20万元/月。监理合同履行过程中，由于建设单位资金未到位致使工程停工，导致监理合同暂停履行，半年后恢复。监理单位暂停履行合同的善后工作时间为1个月，恢复履行的准备工作时间为1个月。

【问题】计算事件3中监理单位可获得的附加工作酬金。

【考点】附加工作及其酬金计算方法。

【参考答案】事件3中，附加工作酬金=（1+1）月×20万元/月=40万元。

二、建设工程监理合同履行

【案例4】

【背景资料】某工程，建设单位与某监理单位签订了委托监理合同，合同条款中约定了监理人的以下监理工作：

（1）主持第一次工地会议。

（2）审核施工分包人资质条件。

（3）验收隐蔽工程、分部分项工程。

（4）组织工程竣工验收。

（5）审查工程质量评估报告。

【问题】请判断以上约定的监理工作是否妥当？如不妥，请指正。

【考点】监理人的主要义务。

【参考答案】（1）不妥。正确：参加由委托人主持的第一次工地会议。

（2）妥当。

（3）妥当。

（4）不妥。正确：参加工程竣工验收。

（5）不妥。正确：编写工程质量评估报告。

【案例5—20170403】

【背景资料】某依法必须招标的工程，建设单位采用公开招标方式选择监理单位承担施工监理任务，工程施工过程中发生如下事件：

事件3：中标监理单位与建设单位按照《建设工程监理合同（示范文本）》签订了监理合同，合同履行过程中，合同双方就以下四项工作是否可作为附加工作进行了协商：①工程建设过程中外部关系协调；②施工起重机械安全性检测；③施工合同争议处理；④竣工结算审查。

【问题】分别指出事件3中四项工作是否可作为附加工作？说明理由。

【考点】监理单位的工作范围。

【参考答案】事件3中四项工作是否可作为附加工作的判定及理由的说明。

（1）①②可以作为附加工作。

理由：①是属于建设单位的工作，属于监理工作范围之外的工作可以作为附加工作；②是施工单位的工作，监理单位参与验收，但不承担施工起重机械安全性检测。

（2）③④不可以作为附加工作。

理由：③④都是监理单位的工作范围。

第三节　建设工程监理组织

一、建设工程监理委托方式

【案例1】

【背景资料】某工程采用平行承包模式，建设单位通过招标委托了一家工程监理单位实施监理。

【问题】这种委托方式要求被委托的工程监理单位应具有哪些较强的能力？总监理工程师的工作重点是什么？建设单位在平行承包模式下是否可以委托多家工程监理单位实施监理？

【考点】建设工程监理委托方式。

【参考答案】这种委托方式要求被委托的工程监理单位应具有较强的合同管理与组织协调能力。总监理工程师应重点做好总体协调工作，加强横向联系，保证建设工程监理工作的有效运行。可以委托多家工程监理单位实施监理。

二、建设工程监理实施程序和原则

【案例2】

【背景资料】某工程，某监理单位承接了该建设工程的监理任务，工程监理单位根据建设单位对建设工程监理的要求，选派了称职的总监理工程师，并成立了项目监理机构。该项目监理机构为了更好地做好监理工作，安排监理人员收集了以下有关资料，作为开展监理工作的依据：

（1）反映工程项目特征的有关资料；

（2）类似工程项目建设情况的有关资料。

【问题】工程监理单位还应根据哪些因素选派称职的总监理工程师？总监理工程师对内和对外分别向谁负责？请补充还需要收集哪些资料？

【考点】建设工程监理实施程序。

【参考答案】工程监理单位还应根据建设工程规模、性质选派称职的总监理工程师。总监理工程师对内向工程监理单位负责，对外向建设单位负责。

项目监理机构还需要收集的资料：

（1）反映当地工程建设政策、法规的有关资料；

（2）反映工程所在地区经济状况等建设条件的资料。

【案例3】

【背景资料】某工程，由甲监理公司承担该工程的监理工作，甲监理公司在实施监理的过程中遵循以下原则：

（1）公平、独立、诚信、科学的原则；

（2）权责一致的原则；

（3）综合效益的原则。

【问题】甲监理公司在实施监理的过程中还需要遵循哪些原则？

【考点】建设工程监理实施原则。

【参考答案】甲监理公司在实施监理的过程中还需要遵循的原则：

（1）总监理工程师负责制的原则；

（2）严格监理、热情服务的原则；

（3）实事求是的原则。

三、项目监理机构

【案例4】

【背景资料】某工程，在实施过程中发生如下事件：

事件1：总监理工程师调换专业监理工程师时，书面通知了建设单位。

事件2：工程监理单位调换总监理工程师时，书面通知建设单位。

事件3：经建设单位书面同意，该项目监理机构的总监理工程师担任了四项建设工程监理合同的总监理工程师。

【问题】判断以上事件是否妥当？如不妥，请指正。

【考点】项目监理机构设立的基本要求。

【参考答案】以上事件是否妥当的判断：

事件1：妥当。

事件2：不妥。改正：工程监理单位调换总监理工程师，应征得建设单位书面同意。

事件3：不妥。改正：经建设单位书面同意，该项目监理机构的总监理工程师最多担任三项建设工程监理合同的总监理工程师。

【案例5—20170101】

【背景资料】某工程，实施过程中发生如下事件：

事件1：监理合同签订后，监理单位按照下列步骤组建项目监理机构：①确定项目监理机构目标；②确定监理工作内容；③制定监理工作流程和信息流程；④进行项目监理机构组织设计。

【问题】指出事件1中项目监理机构组建步骤的不妥之处。

【考点】项目监理机构的组建步骤。

【参考答案】事件1中项目监理机构组建步骤的不妥之处是步骤③和步骤④顺序颠倒，正确的步骤是①②④③。

【案例6—20060101】

【背景资料】某市政工程分为四个施工标段。某监理单位承担了该工程施工阶段的监理任务，一、二标段工程先行开工，项目监理机构组织形式，如图1-1所示。

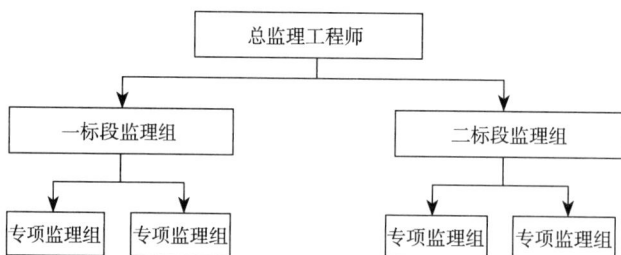

图1-1 一、二标段工程项目监理机构组织形式

【问题】图1-1所示项目监理机构属何种组织形式？说明其主要优点。

【考点】直线制组织形式及其优点。

【参考答案】图中所示的项目监理机构属直线制组织形式。

主要优点：组织机构简单，权力集中，命令统一，职责分明，决策迅速，隶属关系明确。

【案例7】

【背景资料】某工程，某监理公司中标承担该工程施工监理的工作，由于该工程属于大型建设工程，项目监理机构拟采用职能制组织形式。

【问题】职能制组织形式具有哪些优点和缺点？

【考点】职能制组织形式的特点。

【参考答案】主要优点是加强了项目监理目标控制的职能化分工，可以发挥职能机构的专业管理作用，提高管理效率，减轻总监理工程师负担。缺点是由于下级人员受多头指挥，如果这些指令相互矛盾，会使下级在监理工作中无所适从。

【案例 8—20020201】

【背景资料】某监理公司中标承担某项目施工监理及设备采购监理工作，该项目由 A 设计单位作为设计总承包、B 施工单位作为施工总承包，其中幕墙工程的设计和施工任务分包给具有相应设计和施工资质的 C 公司，土方工程分包给 D 公司，主要设备由业主采购。

该项目总监理工程师组建了直线职能制监理组织机构，并分析了参建各方的关系，画出如图 1-2 所示的示意图。

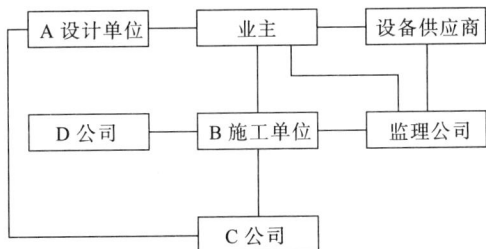

图 1-2　参建各方的关系示意图

【问题】请画出直线职能制监理组织机构示意图，并说明在监理工作中这种组织形式容易出现的问题。

【考点】直线职能制组织形式及其缺点。

【参考答案】直线职能制监理组织机构示意图，如图 1-3 所示。

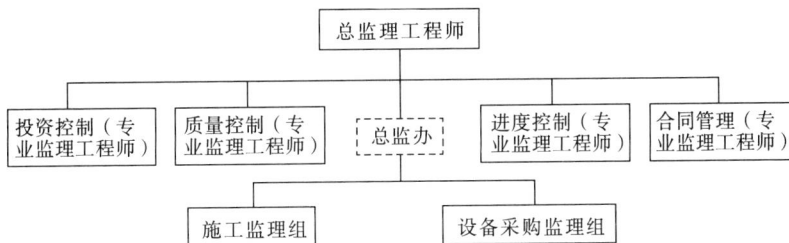

图 1-3　直线职能制监理组织机构示意图

这种组织形式容易出现的问题：职能部门与指挥部门易产生矛盾，信息传递路线长，不利于互通情报。

【案例 9—20080101】

【背景资料】某工程，建设单位与甲施工单位签订了施工总承包合同，并委托一家监理单位实施施工阶段的监理。经建设单位同意，甲施工单位将工程划分为 A1、A2 标段，并将 A2 标段分包给乙施工单位。根据监理工作需要，监理单位设立了投资控制组、进度控制组、质量控制组、安全管理组、合同管理组和信息管理组六个职能管理部门，同时设立了 A1 和 A2 两个标段的项目监理组，并按专业分别设置了若干专业监理小组，组成直线职能制项目监理组织机构。

【问题】绘制监理单位设置的项目监理机构的组织机构图，说明其缺点。

【考点】直线职能制组织形式及其特点。

【参考答案】监理单位设置的项目监理机构的组织机构图，如图 1-4 所示。

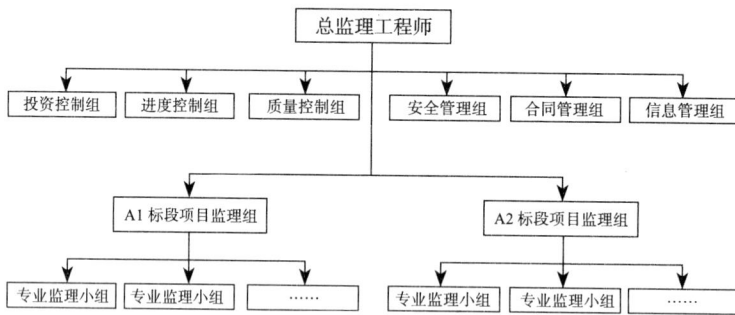

图 1-4　项目监理机构的组织机构图

项目监理机构的缺点：职能部门与指挥部门易产生矛盾，信息传递路线长，不利于互通情报。

【案例 10—20150101】

【背景资料】某工程，实施过程中发生如下事件：

事件 1：总监理工程师组建的项目监理机构组织形式，如图 1-5 所示。

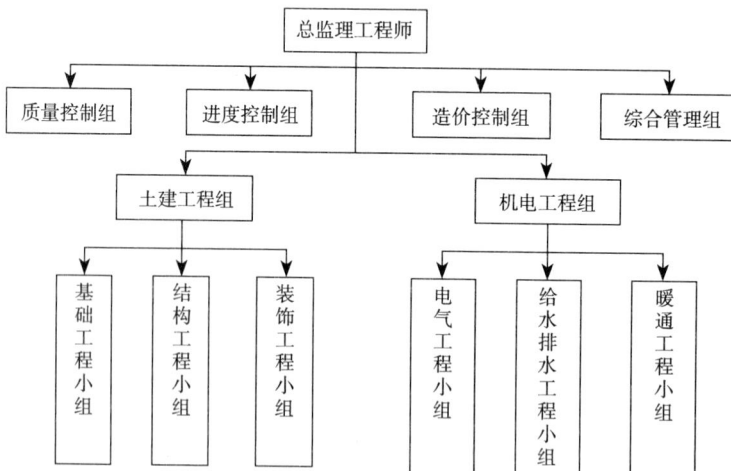

图 1-5　项目监理机构组织形式

【问题】指出图 1-5 所示项目监理机构组织形式属哪种类型，说明其主要优点。

【考点】项目监理机构组织形式的特点。

【参考答案】图 1-5 所示项目监理机构组织形式属于直线职能制，其主要优点包括：

直线领导、统一指挥、职责分明、管理专业化。

【案例 11—20210101】

【背景资料】某工程，实施过程中发生如下事件：

事件 1：为保证总监理工程师的统一指挥，同时又能发挥职能部门业务指导作用，监理单位根据工程特点和服务内容等因素，在组建的项目监理机构中设置了若干子项目监理组，此外，还设有目标控制、合同管理等部门作为总监理工程师的工作参谋。

【问题】针对事件 1，指出项目监理机构采用的是什么组织形式？该组织形式有哪些优缺点？

【考点】监理机构组织形式。

【参考答案】采用的是直线职能制组织形式。

直线职能制组织形式既保持了直线制组织实行直线领导、统一指挥、职责分明的优点，又保持了职能制组织目标管理专业化的优点。缺点是职能部门与指挥部门易产生矛盾，信息传递路线长，不利于互通信息。

【案例 12—20060102】

【背景资料】某市政工程分为四个施工标段。一、二标段工程开工半年后，三、四标段工程相继准备开工，为适应整个项目监理工作的需要，总监理工程师决定修改监理规划，调整项目监理机构组织形式，按四个标段分别设置监理组，增设投资控制部、进度控制部、质量控制部和合同管理部四个职能部门，以加强各职能部门的横向联系，使上下、左右集权与分权实行最优的结合。

【问题】调整后的项目监理机构属何种组织形式？画出该组织结构示意图，并说明其主要缺点。

【考点】矩阵制组织形式及其缺点。

【参考答案】调整后的项目监理机构属矩阵制组织形式。其组织结构示意图，如图 1-6 所示。

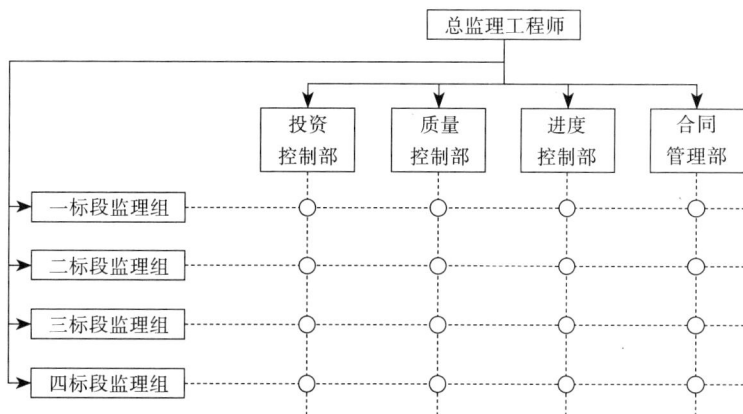

图 1-6　组织结构示意图

该项目监理机构主要缺点：纵横协调工作量大；矛盾指令处理不当会产生扯皮现象，产生矛盾。

【案例13—20170101】

【背景资料】某工程，实施过程中发生如下事件：

事件1：监理合同签订后，监理单位根据项目特点，决定采用矩阵制组织形式组建项目监理机构。

【问题】指出事件1中项目监理机构采用矩阵制组织形式的优点。

【考点】项目监理机构矩阵制组织形式的特点。

【参考答案】矩阵制组织形式的优点是加强了各职能部门的横向联系，具有较大的机动性和适应性，将上下左右集权与分权实行最优结合，有利于解决复杂问题，有利于监理人员业务能力的培养。

四、项目监理机构人员配备及职责分工

【案例14—20200102】

【背景资料】某工程，施工合同价款30000万元，工期36个月。实施过程中发生如下事件：

事件2：监理招标文件规定，项目监理机构在配备专业监理工程师、监理员和行政文秘人员时，需综合考虑施工合同价款和工期因素。已知：上述人员配备定额分别为0.5、0.4和0.1（人·年/千万元）。

【问题】针对事件2，按施工合同价款计算的工程建设强度是多少（千万元/年）？需配备的专业监理工程师、监理员和行政文秘人员的数量分别是多少？

【考点】项目监理机构监理人员数量的确定。

【参考答案】针对事件2，按施工合同价款计算的工程建设强度是：（30000/1000）/（36/12）=10千万元/年。

专业监理工程师、监理员和行政文秘人员配备定额分别为0.5、0.4和0.1（人·年/千万元），需要配备的数量分别是：

专业监理工程师：0.5×10=5人；

监理员：0.4×10=4人；

行政文秘人员：0.1×10=1人。

【案例15—20060103】

【背景资料】某市政工程分为四个施工标段。总监理工程师调整了项目监理机构组织形式后，安排总监理工程师代表按新的组织形式调配相应的监理人员、主持修改项目监理规划、审批项目监理实施细则；又安排质量控制部签发一标段工程的质量评估报告；并安排专人主持整理项目的监理文件档案资料。

【问题】指出总监理工程师调整项目监理机构组织形式后安排工作的不妥之处，写出正确做法。

【考点】监理人员的职责。

【参考答案】总监理工程师调整项目监理机构组织形式后安排工作的不妥之处：

（1）不妥之处：安排总监理工程师代表调配相应监理人员；

正确做法：应由总监理工程师负责调配相应监理人员。

（2）不妥之处：安排总监理工程师代表主持修改项目监理规划；

正确做法：应由总监理工程师主持修改项目监理规划。

（3）不妥之处：安排总监理工程师代表审批项目监理实施细则；

正确做法：应由总监理工程师审批项目监理实施细则。

（4）不妥之处：安排质量控制部签发一标段工程的质量评估报告；

正确做法：工程的质量评估报告应由总监理工程师和监理单位技术负责人签发。

（5）不妥之处：安排专人主持整理监理文件档案资料；

正确做法：应由总监理工程师主持整理监理文件档案资料。

【案例 16—20070103】

【背景资料】某城市建设项目建设单位委托监理单位承担施工阶段的监理任务，并通过公开招标选定甲施工单位作为施工总承包单位，工程实施中发生了下列事件。

事件 3：为进一步加强施工过程质量控制，总监理工程师代表指派专业监理工程师对原监理实施细则中的质量控制措施进行修改，修改后的监理实施细则经总监理工程师代表审查批准后实施。

【问题】事件 3 中，总监理工程师代表的做法是否正确？说明理由。

【考点】项目监理机构人员岗位职责。

【参考答案】事件 3 中，总监理工程师代表的做法是否正确的判断：

（1）指派专业监理工程师修改监理实施细则做法正确。总监理工程师代表可以行使总监理工程师的这一职责。

（2）审批监理实施细则的做法不妥。应由总监理工程师审批。

【案例 17—20080103】

【背景资料】某工程，建设单位与甲施工单位签订了施工总承包合同，并委托一家监理单位实施施工阶段的监理。经建设单位同意，甲施工单位将工程划分为 A1、A2 标段，并将 A2 标段分包给乙施工单位。根据监理工作需要，监理单位设立了投资控制组、进度控制组、质量控制组、安全管理组、合同管理组和信息管理组六个职能管理部门，同时设立了 A1 和 A2 两个标段的项目监理组，并按专业分别设置了若干专业监理小组，组成直线职能制项目监理组织机构。

在报送的监理规划中，项目监理人员的部分职责分工如下：

（1）投资控制组负责人审核工程款支付申请，并签发工程款支付证书，但竣工结算须由总监理工程师签认；

（2）合同管理组负责调解建设单位与施工单位的合同争议、处理工程索赔；

（3）进度控制组负责审查施工进度计划及其执行情况，并由该组负责人审批工程延期；

（4）质量控制组负责人审批项目监理实施细则；

（5）A1、A2两个标段项目监理组负责人分别组织、指导、检查和监督本标段监理人员的工作，及时调换不称职的监理人员。

【问题】指出项目监理人员职责分工中的不妥之处，写出正确做法。

【考点】项目监理人员职责。

【参考答案】项目监理人员职责分工中的不妥之处。

（1）不妥之处：投资控制组负责人审核工程款支付申请，并签发工程款支付证书。

正确做法：应由总监理工程师审核工程款支付申请，并签发工程款支付证书。

（2）不妥之处：合同管理组负责调解建设单位与施工单位的合同争议、处理工程索赔。

正确做法：应由总监理工程师负责调解建设单位与施工单位的合同争议、处理工程索赔。

（3）不妥之处：进度控制组负责人审批工程延期。

正确做法：应由总监理工程师负责审批工程延期。

（4）不妥之处：质量控制组负责人审批项目监理实施细则。

正确做法：应由总监理工程师负责审批项目监理实施细则。

（5）不妥之处：A1、A2两个阶段项目监理组负责人及时调换不称职的监理人员。

正确做法：应由总监理工程师及时调换不称职的监理人员。

【案例 18—20100102】

【背景资料】某工程，建设单位通过招标方式选择监理单位。工程实施过程中发生下列事件：

事件2：监理合同签订后，总监理工程师委托总监理工程师代表负责如下工作：①主持编制项目监理规划；②审批项目监理实施细则；③审查和处理工程变更；④调解合同争议；⑤调换不称职监理人员。

【问题】指出事件2中的不妥之处，说明理由。

【考点】总监理工程师职责。

【参考答案】事件2中的不妥之处包括：主持编制项目监理规划、审批项目监理实施细则、调解合同争议、调换不称职监理人员。

理由：这四项工作不能委托总监理工程师代表负责，由总监理工程师负责。

【案例 19—20020105】

【背景资料】某建设工程项目，建设单位委托某监理公司负责施工阶段的监理工作。该公司副经理出任项目总监理工程师。

总监理工程师责成公司技术负责人组织经营、技术部门人员编制该项目监理规划。参编人员根据本公司已有的监理规划标准范本，将投标时的监理大纲做适当改动后编成该项目监理规划，该监理规划经公司的经理审核签字后，报送给建设单位。

在第一次工地会议上，建设单位根据监理中标通知书及监理公司报送的监理规划，宣布了项目总监理工程师的任命及授权范围。项目总监理工程师根据监理规划介绍了监理工作内容、项目监理机构的人员岗位职责和监理设施等内容。其中：

（1）监理工作内容：

①编制项目施工进度计划，报建设单位批准后下发施工单位执行；

②检查现场质量情况并与规范标准对比，发现偏差时下达监理指令；

③协助施工单位编制施工组织设计；

④审查施工单位投标报价的组成，对工程项目造价目标进行风险分析；

⑤编制工程量计量规则，依此进行工程计量；

⑥组织工程竣工验收。

（2）项目监理机构的人员岗位职责：

本项目监理机构设总监理工程师代表，其职责包括：

①负责日常监理工作；

②审批"监理实施细则"；

③调换不称职的监理人员；

④处理索赔事宜，协调各方的关系。

监理员的职责包括：

①进场工程材料的质量检查及签认；

②隐蔽工程的检查验收；

③现场工程计量及签收。

（3）监理设施：

监理工作所需测量仪器、检验及试验设备向施工单位借用，如不能满足需要，指令施工单位提供。

【问题】在总监理工程师介绍的监理工作内容、项目监理机构的人员岗位职责和监理设施的内容中，找出不正确的内容并改正。

【考点】监理工作内容、项目监理机构的人员岗位职责、监理设施。

【参考答案】（1）监理工作内容：

①错误，应改为：审查并批准（审核、审查）施工单位报送的施工进度计划。

③错误，应改为：审查并批准（审核、审查）施工单位报送的施工组织设计。

④错误，应改为：依据施工合同有关条款、施工图，对工程造价目标进行风险分析。

⑤错误，应改为：按施工合同约定（国家规定）的工程量计量规则进行工程计量。

⑥错误，应改为：参加工程竣工验收（或组织工程预验收）。

（2）人员岗位职责：

总监理工程师代表职责：

②错误，应改为：总监理工程师批准"监理实施细则"（或参加编写或参与批准"监理实施细则"）。

③错误，应改为：总监理工程师调配不称职的监理人员（或向总监理工程师建议，或根据总监理工程师指示、决定调配不称职的监理人员）。

④错误，应改为：总监理工程师处理索赔事宜，协调各方的关系（或参加或协助总监理工程师处理索赔事宜，协调各方的关系）。

监理员职责：

①错误，应改为：专业监理工程师负责进场工程材料质量检查及验收（或参加进场材料的现场质量检查）。

②错误，应改为：专业监理工程师负责隐蔽工程检查验收（或参加隐蔽工程的现场检查）。

③错误，应改为：专业监理工程师负责现场工程计量及签认（或参加现场工程量计量工作；或根据施工图及从现场获取的有关数据，签署原始计量凭证）。

（3）向施工单位借用和指令施工单位提供监理设施错误，应改为：项目监理机构应根据委托监理合同的约定，配备满足监理工作需要的常规检测设备和工具。

第四节　监理规划与监理实施细则

一、监理规划

【案例1】

【背景资料】某工程，为了使监理工作规范化进行，总监理工程师拟以法律法规、调查资料、工程建设文件、工程项目建设条件、监理合同、施工合同、施工组织设计和各专业监理工程师编制的监理实施细则为依据，编制施工阶段监理规划。

【问题】监理规划编制依据有何不恰当？为什么？

【考点】监理规划编写依据。

【参考答案】不恰当之处：编制依据中不应包括施工组织设计和监理实施细则。

理由：施工组织设计是由施工单位（或承包单位）编制指导施工的文件。监理实施细则是由专业监理工程师根据监理规划编制的。

【案例2—20060401】

【背景资料】某工程，建设单位和施工单位按《建设工程施工合同（示范文本）》签订了施工合同，在施工合同履行过程中发生如下事件：

事件1：工程开工前，总监理工程师主持召开了第一次工地会议。会上，总监理工程师宣布了建设单位对其的授权，并对召开工地例会提出了要求。会后，项目监理机构起草了会议纪要，由总监理工程师签字后分发给有关单位；总监理工程师主持编制了监理规划，报送建设单位。

【问题】指出事件1中的不妥之处，写出正确做法。

【考点】第一次工地会议。

【参考答案】事件 1 中的不妥之处：

（1）不妥之处：总监理工程师主持召开第一次工地会议；

正确做法：第一次工地会议应由建设单位主持召开。

（2）不妥之处：总监理工程师宣布建设单位对其的授权；

正确做法：建设单位对总监理工程师的授权应由建设单位宣布。

（3）不妥之处：会议纪要由总监理工程师签字后分发给有关单位；

正确做法：会议纪要经各方会签后分发给有关单位。

（4）不妥之处：第一次工地会议后编制和报送监理规划；

正确做法：监理规划应在第一次工地会议前编制和报送。

【案例 3—20100104】

【背景资料】某工程，建设单位通过招标方式选择监理单位。工程实施过程中发生下列事件：

事件 4：在第一次工地会议上，项目监理机构将项目监理规划报送建设单位，会后，结合工程开工条件和建设单位的准备情况，又将项目监理规划修改后直接报送建设单位。

【问题】指出事件 4 中的不妥之处，说明理由。

【考点】监理规划的报送和修改程序。

【参考答案】事件 4 中，项目监理规划修改后直接报送建设单位不妥。

理由：监理规划编写完成后必须进行审核并经工程监理单位技术负责人签认。

【案例 4—20140102】

【背景资料】某工程，实施过程中发生如下事件：

事件 1：监理合同签订后，监理单位法定代表人要求项目监理机构在收到设计文件和施工组织设计后方可编制监理规划；同意技术负责人委托具有类似工程监理经验的副总工程师审批监理规划。

【问题】指出事件 1 中监理单位法定代表人的做法有哪些不妥，分别写出正确做法。

【考点】监理规划的编制和审批。

【参考答案】事件 1 中，监理单位法定代表人的不妥之处及正确做法如下：

（1）不妥之处：要求在收到施工单位的施工组织设计后编制监理规划。

正确做法：在收到设计文件后即可编制监理规划。

（2）不妥之处：同意技术负责人委托具有类似工程监理经验的副总工程师审批监理规划。

正确做法：应由监理单位技术负责人审批监理规划。

【案例 5—20210103】

【背景资料】某工程，实施过程中发生如下事件：

事件 3：工程开工前，建设单位主持召开了第一次工地会议。会后，项目监理机构将整理的会议纪要和总监理工程师签字认可的监理规划直接报送建设单位。

【问题】指出事件3中的不妥之处，写出正确做法。

【考点】监理规划编写要求。

【参考答案】事件3中的不妥之处及正确做法：

（1）不妥之处：第一次工地会议后，项目监理机构将监理规划报送建设单位。

正确做法：应在召开第一次工地会议7天前报建设单位。

（2）不妥之处：只有总监理工程师签字认可的监理规划直接报送建设单位。

正确做法：监理规划在报送前，经总监理工程师签字后，还应由监理单位技术负责人审核签字。

【案例6—20020102】

【背景资料】某建设工程项目，建设单位委托某监理公司负责施工阶段的监理工作。该公司副经理出任项目总监理工程师。

总监理工程师责成公司技术负责人组织经营、技术部门人员编制该项目监理规划。参编人员根据本公司已有的监理规划标准范本，将投标时的监理大纲做适当改动后编成该项目监理规划，该监理规划经公司的经理审核签字后，报送给建设单位。

该监理规划包括以下8项内容：

（1）工程项目概况；（2）监理工作依据；（3）监理工作内容；（4）项目监理机构的组织形式；（5）项目监理机构人员配备计划；（6）组织协调；（7）项目监理机构的人员岗位职责；（8）监理设施。

【问题】请指出该"监理规划"内容的缺项名称。

【考点】监理规划的内容。

【参考答案】缺项名称：监理工作范围、监理工作目标、监理工作程序、监理工作制度、工程造价控制、工程进度控制、安全生产管理的监理工作、合同与信息管理。

【案例7—20020101】

【背景资料】某建设工程项目，建设单位委托某监理公司负责施工阶段的监理工作。该公司副经理出任项目总监理工程师。

总监理工程师责成公司技术负责人组织经营、技术部门人员编制该项目监理规划。参编人员根据本公司已有的监理规划标准范本，将投标时的监理大纲做适当改动后编成该项目监理规划，该监理规划经公司的经理审核签字后，报送给建设单位。

【问题】请指出该监理公司编制"监理规划"的做法不妥之处，并写出正确的做法。

【考点】监理规划的报审。

【参考答案】（1）监理规划由公司技术负责人组织经营、技术部门人员编制不妥；应由总监理工程师主持，专业监理工程师参加编制；

（2）公司经理审核不妥，应由公司技术负责人审核；

（3）根据范本（监理大纲）修改不妥，应具有针对性（根据工程特点、规模、合同等编制）。

【案例 8—20080102】

【背景资料】 某工程，建设单位与甲施工单位签订了施工总承包合同，并委托一家监理单位实施施工阶段的监理。

为有效地开展监理工作，总监理工程师安排项目监理组负责人分别主持编制 A1、A2 标段两个监理规划。总监理工程师要求：①六个职能部门根据 A1、A2 标段的特点，直接对 A1、A2 标段的施工单位进行管理；②在施工过程中，A1 标段出现的质量隐患由 A1 标段项目监理组的专业监理工程师直接通知甲施工单位整改，A2 标段出现的质量隐患由 A2 标段项目监理组的专业监理工程师直接通知乙施工单位整改，如未整改，则由相应标段项目监理负责人签发《工程暂停令》要求停工整改。总监理工程师主持召开了第一次工地会议。会后，总监理工程师对监理规划审核批准后报送建设单位。

【问题】 指出总监理工程师工作中的不妥之处，写出正确做法。

【考点】 总监理工程师在监理规划编审和报送中的工作要点。

【参考答案】 总监理工程师工作中的不妥之处。

（1）不妥之处：总监理工程师安排项目监理组负责人分别主持编制 A1、A2 标段两个监理规划。

正确做法：总监理工程师主持编制 A1、A2 标段两个监理规划。

（2）不妥之处：六个职能部门根据 A1、A2 标段的特点，直接对 A1、A2 标段的施工单位进行管理。

正确做法：A1 和 A2 两个标段的项目监理组直接对 A1、A2 标段的施工单位进行管理。

（3）不妥之处：由相应标段项目监理负责人签发《工程暂停令》要求停工整改。

正确做法：《工程暂停令》应由总监理工程师签发。

（4）不妥之处：总监理工程师主持召开了第一次工地会议。

正确做法：应由建设单位主持召开第一次工地会议。

（5）不妥之处：A2 标段项目监理组的专业监理工程师直接通知乙施工单位整改。

正确做法：专业监理工程师应直接通知甲施工单位，由甲施工单位通知乙施工单位的整改。

（6）不妥之处：监理规划在第一次工地会议后报建设单位。

正确做法：监理规划应在第一次工地会议前报送建设单位。

（7）不妥之处：监理规划由总监理工程师审核批准。

正确做法：监理规划应由监理单位技术负责人审核批准。

（8）不妥之处：按 A 和 A2 标段分别编制两个监理规划。

正确做法：监理规划应按监理项目进行编制，A、A2 两标段同属于一个监理项目，应编制在同一个监理规划中。

二、监理实施细则

【案例 9】

【背景资料】某工程，建设单位委托某监理公司负责施工阶段的监理工作。项目监理机构落实了各专业监理责任和工作内容后，由专业监理工程师依据已批准的建设工程监理规划、施工组织设计和与专业工程相关的标准编写了监理实施细则。

【问题】请补全监理实施细则的编写依据。

【考点】监理实施细则编写依据。

【参考答案】监理实施细则编写依据还包括：与专业工程相关的设计文件、与专业工程相关的技术资料和（专项）施工方案。

【案例 10】

【背景资料】某工程，建设单位委托某监理公司负责施工阶段的监理工作。专业监理工程师编制了包括监理工作流程和监理工作控制要点的监理实施细则。

【问题】《建设工程监理规范》明确规定的监理实施细则还应包含哪些内容？

【考点】监理实施细则的主要内容。

【参考答案】监理实施细则还应包含的内容：专业工程特点、监理工作方法及措施。

第五节　建设工程目标控制的内容和主要方式

一、建设工程目标控制内容

【案例 1—20100101】

【背景资料】某工程，建设单位通过招标方式选择监理单位。工程实施过程中发生下列事件：

事件 1：在监理招标文件中，列出的监理目标控制工作如下：

投资控制：①组织协调设计方案优化；②处理费用索赔；③审查工程概算；④处理工程价款变更；⑤进行工程计量。

进度控制：①审查施工进度计划；②主持召开进度协调会；③跟踪检查施工进度；④检查工程投入物的质量；⑤审批工程延期。

质量控制：①审查分包单位资质；②原材料见证取样；③确定设计质量标准；④审查施工组织设计；⑤审核工程结算书。

【问题】指出事件 1 中所列监理目标控制工作中的不妥之处，说明理由。

【考点】监理目标控制在工程建设各个阶段的主要工作内容。

【参考答案】事件 1 中所列监理目标控制工作中的不妥之处及理由。

（1）投资控制中的"组织协调设计方案优化"不妥。理由：属于质量控制的任务。

（2）进度控制中的"检查工程投入物的质量"不妥。理由：属于质量控制的任务。

（3）质量控制中的"审核工程结算书"不妥。理由：属于投资控制的任务。

【案例2—20120101】

【背景资料】某实施监理的工程，监理合同履行过程中发生以下事件：

事件1：监理规划中明确的部分工作如下：

（1）论证工程项目总投资目标；

（2）制定施工阶段资金使用计划；

（3）编制由建设单位供应的材料和设备的进场计划；

（4）审查确认施工分包单位；

（5）检查施工单位试验室试验设备的计量检定证明；

（6）协助建设单位确定招标控制价；

（7）计量已完工程；

（8）验收隐蔽工程；

（9）审核工程索赔费用；

（10）审核施工单位提交的工程结算书；

（11）参与工程竣工验收；

（12）办理工程竣工备案。

【问题】针对事件1中所列的工作，分别指出哪些属于施工阶段投资控制工作、哪些属于施工阶段质量控制工作；对不属于施工阶段投资、质量控制工作的，分别说明理由。

【考点】监理工作内容。

【参考答案】属于施工阶段投资控制工作的有：（2）、（7）、（9）、（10）；

属于施工阶段质量控制工作的有：（4）、（5）、（8）、（11）。

不属于施工阶段投资、质量控制工作：（1），理由：属于前期决策阶段工作内容；（3），理由：属于施工阶段进度控制工作内容；（6），理由：属于施工招标阶段的工作；（12），理由：属于建设单位工作内容。

【案例3—20170103】

【背景资料】某工程，实施过程中发生如下事件：

事件3：为有效控制建设工程质量、进度、投资目标，项目监理机构拟采取下列措施开展工作：

（1）明确施工单位及材料设备供应单位的权利和义务；

（2）拟定合理的承发包模式和合同计价方式；

（3）建立健全实施动态控制的监理工作制度；

（4）审查施工组织设计；

（5）对工程变更进行技术经济分析；

（6）编制资金使用计划；

（7）采用工程网络计划技术实施动态控制；

（8）明确各级监理人员职责分工；

（9）优化建设工程目标控制工作流程；

（10）加强各单位（部门）之间的沟通协作。

【问题】逐项指出事件3中各项措施分别属于组织措施、技术措施、经济措施和管理措施中的哪一项。

【考点】建设工程三大目标控制措施。

【参考答案】组织措施：（1）、（3）、（8）、（9）、（10）。

技术措施：（4）、（7）。

经济措施：（5）、（6）。

合同措施：（2）。

【案例4—20210102】

【背景资料】某工程，实施过程中发生如下事件：

事件2：为有效控制项目目标，项目监理机构拟采取下列措施：（1）明确各级目标控制人员职责；（2）审查施工组织设计；（3）处理工程索赔；（4）按月编制已完工程量统计表。

【问题】针对事件2，逐项指出项目监理机构拟采取的措施属于组织、技术、经济、合同措施中的哪一种？

【考点】建设工程三大目标控制的措施。

【参考答案】项目监理机构拟采取措施的判断：

（1）明确各级目标控制人员职责属于组织措施；

（2）审查施工组织设计属于技术措施；

（3）处理工程索赔属于合同措施；

（4）按月编制已完工程量统计表属于经济措施。

二、合同管理

【案例5—20050204】

【背景资料】某工程，建设单位将土建工程、安装工程分别发包给甲、乙两家施工单位。在合同履行过程中发生了如下事件：

事件3：专业监理工程师在检查甲施工单位投入的施工机械设备时，发现数量偏少，即向甲施工单位发出了《监理通知单》要求整改；在巡视时发现乙施工单位已安装的管道存在严重质量隐患，即向乙施工单位签发了《工程暂停令》，要求对该分部工程停工整改。

【问题】在施工单位申请工程复工后，监理单位应该进行哪些方面的工作？

【考点】项目监理机构对施工整改结果处理程序。

【参考答案】施工单位申请工程复工后，监理单位应该进行的工作包括：监理单位应重新进行复查验收，符合规定要求后，并征得建设单位同意，总监理工程师应及时签署《工程复工报审表》；不符合规定要求，责令乙施工单位继续整改。

【案例6—20060204】

【背景资料】某工程，建设单位委托监理单位承担施工阶段的监理任务，总承包单位按照施工合同约定选择了设备安装分包单位。在合同履行过程中发生如下事件：

事件3：专业监理工程师在现场巡视时，发现设备安装分包单位违章作业，有可能导致发生重大质量事故。总监理工程师口头要求总承包单位暂停分包单位施工，但总承包单位未予执行。总监理工程师随即向总承包单位下达了《工程暂停令》，总承包单位在向设备安装分包单位转发《工程暂停令》前，发生了设备安装质量事故。

【问题】事件3中总监理工程师是否可以口头要求暂停施工？为什么？

【考点】《工程暂停令》的签发。

【参考答案】事件3中总监理工程师可以口头要求暂停施工。

理由：紧急情况下，总监理工程师可以口头下达暂停施工指令，但在规定的时间内应书面确认。

【案例7—20150102】

【背景资料】某工程，实施过程中发生如下事件：

事件3：专业监理工程师编写的深基坑工程监理实施细则主要内容包括：专业工程特点、监理工作方法及措施。其中，在监理工作方法及措施中提出：①要加强对深基坑工程施工巡视检查；②发现施工单位未按深基坑工程专项施工方案施工的，应立即签发工程暂停令。

【问题】写出事件3中监理实施细则还应包括的内容。指出监理工作方法及措施中提到的具体要求是否妥当并说明理由。

【考点】签发监理通知单与工程暂停令的情形。

【参考答案】对监理工作方法及措施中提到的具体要求妥当与否的判断及理由如下：

（1）第①项妥当。

理由：深基坑工程属危险性较大的分部分项工程。

（2）第②项不妥。

理由：应签发监理通知单而不是签发工程暂停令。

【案例8】

【背景资料】某工程，在施工过程中，施工单位提出一项变更，项目监理机构按下列程序处理了施工单位提出的工程变更：

（1）专业监理工程师组织监理员审查了施工单位提出的工程变更申请，提出审查意见。

（2）监理员对工程变更费用及工期影响作出评估。

（3）总监理工程师组织建设单位、施工单位等会签工程变更单。

【问题】判断项目监理机构的做法是否妥当？如不妥，请写出正确做法。

【考点】工程变更处理。

【参考答案】

（1）不妥。正确做法：总监理工程师组织专业监理工程师审查。

（2）不妥。正确做法：总监理工程师组织专业监理工程师对工程变更费用及工期影响作出评估。

（3）妥当。

三、安全生产管理

【案例 9—20120402】

【背景资料】某实施监理的工程，工程实施过程中发生以下事件：

事件2：甲施工单位依据施工合同将深基坑开挖工程分包给乙施工单位，乙施工单位将其编制的深基坑支护专项施工方案报送项目监理机构，专业监理工程师接收并审核批准了该方案。

【问题】指出事件2中专业监理工程师做法的不妥之处，写出正确做法。

【考点】专项施工方案编审程序。

【参考答案】事件2中专业监理工程师做法的不妥之处及正确做法：

（1）不妥之处：专业监理工程师接收乙施工单位提交的深基坑支护专项施工方案。

正确做法：乙施工单位作为分包单位，其编制的深基坑支护专项施工方案应经甲施工单位（施工总承包单位）报送项目监理机构。因此，专业监理工程师应接收甲施工单位提交的专项施工方案。

（2）不妥之处：专业监理工程师接收并审核批准了深基坑支护专项施工方案。

正确做法：专项施工方案由总监理工程师组织专业监理工程师审核批准。

四、建设工程监理主要方式

【案例 10—20110402】

【背景资料】某实施监理的工程，施工单位按合同约定将打桩工程分包。施工过程中发生如下事件：

事件2：专业监理工程师在现场巡视时发现，施工单位正在加工的一批钢筋未报验，立即进行了处理。

【问题】专业监理工程师应如何处理事件2？

【考点】巡视发现问题的处理。

【参考答案】专业监理工程师处理事件2的程序：

专业监理工程师按照职责和权限的规定，应立即指令施工单位停止未经报验钢筋的加工作业。按照施工合同对材料检验的规定，要求施工单位及时进行抽检、报验。将此事及时向总监理工程师报告。

【案例 11—20210301】

【背景资料】某工程，实施过程中发生如下事件：

事件 1：为控制工程质量，项目监理机构巡视工作内容有：（1）施工单位现场管理人员到位情况；（2）特种作业人员持证上岗情况；（3）按批准施工组织设计施工情况。

【问题】针对事件 1，项目监理机构巡视还应包括哪些内容？

【考点】巡视的内容。

【参考答案】监理机构巡视的内容还包括：

（1）按工程设计文件施工情况。

（2）按工程建设标准施工情况。

（3）按批准的（专项）施工方案施工情况。

（4）使用的工程材料、构配件和设备是否合格情况。

（5）施工质量管理人员到位情况。

【案例 12—20150104】

【背景资料】某工程，实施过程中发生如下事件：

事件 4：施工过程中，施工单位对需要见证取样的一批钢筋抽取试样后，报请项目监理机构确认。监理人员确认试样数量后，通知施工单位将试样送到检测单位检验。

【问题】指出事件 4 中施工单位和监理人员的不妥之处，写出正确做法。

【考点】见证取样程序和方式。

【参考答案】事件 4 中施工单位和监理人员的不妥之处及正确做法如下：

（1）施工单位的不妥之处：施工单位取样后报请项目监理机构确认。

正确做法：应通知监理人员见证现场取样。

（2）监理人员的不妥之处：监理人员确认试样数量后，通知施工单位将试样送到检测单位检验。

正确做法：应见证施工单位取样、封样和送检。

第六节　建设工程监理文件资料管理

一、建设工程监理基本表式及主要文件资料内容

【案例 1—20030103】

【背景资料】某工业项目通过招标，建设单位与土建承包单位和设备安装单位签订了合同。

设备安装时，监理工程师发现土建承包单位施工的某一设备基础预埋的地脚螺栓位置与设备基座相应的尺寸不符，设备安装单位无法将设备安装到位，造成设备安装单位工期延误和费用损失。经查，土建承包单位是按设计单位的设备基础图施工的，

而建设单位采购的是该设备的改型产品，基座尺寸与原设计图纸不符。对此，建设单位决定作设计变更，按进场设备的实际尺寸重新预埋地脚螺栓，仍由原土建承包单位负责实施。

土建承包单位和设备安装单位均依据合同条款的规定，提出了索赔要求。

【问题】按《建设工程监理规范》的规定，写出土建承包单位和设备安装单位提出索赔要求应使用的相关表式。

【考点】建设工程监理基本表式。

【参考答案】土建承包单位和设备安装单位提出索赔要求的表式："费用索赔报审表""工程临时延期报审表"。

二、建设工程监理文件资料管理职责和要求

【案例 2—20100405】

【背景资料】某实施监理的工程，建设单位分别与甲、乙施工单位签订了土建工程施工合同和设备安装工程施工合同，与丙单位签订了设备采购合同。工程实施过程中发生下列事件：

事件5：工程竣工验收时，建设单位要求甲施工单位统一汇总甲、乙施工单位的工程档案后提交项目监理机构，由项目监理机构组织工程档案验收。

【问题】指出事件5中建设单位要求的不妥之处，说明理由。

【考点】工程竣工验收时文件资料归档、验收的相关规定。

【参考答案】事件5中建设单位要求的不妥之处及理由。

（1）不妥之处：建设单位要求甲施工单位统一汇总甲、乙施工单位的工程档案。

理由：由于建设单位分别与甲、乙施工单位签订了土建工程施工合同和设备安装工程施工合同，工程档案就应由甲、乙施工单位分别整理汇总。

（2）不妥之处：建设单位要求由项目监理机构组织工程档案验收。

理由：工程档案应由城建档案管理部门验收。

【案例 3—20070104】

【背景资料】某城市建设项目建设单位委托监理单位承担施工阶段的监理任务，并通过公开招标选定甲施工单位作为施工总承包单位，工程实施中发生了下列事件。

事件4：工程进入竣工验收阶段，建设单位发文要求监理单位和甲施工单位各自邀请城建档案管理部门进行工程档案验收并直接办理移交事宜，同时要求监理单位对施工单位的工程档案质量进行检查。甲施工单位收到建设单位发文后将文件转发给乙施工单位。

【问题】指出事件4中建设单位做法的不妥之处，写出正确做法。

【考点】工程竣工档案归档和移交程序。

【参考答案】事件4中建设单位做法的不妥之处：要求监理单位和甲施工单位各自对工程档案进行验收并移交的做法不妥。

应由建设单位组织建设工程档案的预验收，并在工程竣工验收后统一向城市档案管理部门办理工程档案移交。

【案例 4—20070105】

【背景资料】某城市建设项目建设单位委托监理单位承担施工阶段的监理任务，并通过公开招标选定甲施工单位作为施工总承包单位，工程实施中发生了下列事件：

事件 5：项目监理机构在检查甲施工单位的工程档案时发现缺少乙施工单位的工程档案，甲施工单位的解释是，按建设单位要求，乙施工单位自行办理了工程档案的验收及移交。在检查乙施工单位的工程档案时发现缺少断桩处理的相关资料，乙施工单位的解释是，断桩清除后原位重新施工，不需列入这部分资料。

【问题】分别说明事件 5 中甲施工单位和乙施工单位的解释有何不妥？对甲施工单位和乙施工单位在工程档案管理中存在的问题，项目监理机构应如何处理？

【考点】工程竣工档案要求。

【参考答案】（1）事件 5 中，甲施工单位和乙施工单位的解释不妥：甲施工单位应汇总乙施工单位形成的工程档案（或：乙施工单位不能自行办理工程档案的验收与移交）；乙施工单位应将工程质量事故处理记录列入工程档案。

（2）与建设单位沟通后，项目监理机构应向甲施工单位签发《监理通知单》，要求尽快整改。

【案例 5—20120204】

【背景资料】某实施监理的工程，建设单位与甲施工单位按《建设工程施工合同（示范文本）》签订了合同，合同工期 2 年。经建设单位同意，甲施工单位将其中的专业工程分包给乙施工单位。

工程实施过程中发生以下事件：

事件 4：工程竣工验收前，项目监理机构根据《建设工程文件归档整理规范》的要求整理、归档资料，其中包括：

（1）工程开工审批表；

（2）监理工作日志；

（3）分包单位资格材料；

（4）工程质量事故报告及处理意见；

（5）工程费用索赔报告。

【问题】事件 4 中所列资料，哪些应向建设单位移交、哪些不移交？哪些由监理单位保存、哪些不保存？

【考点】工程资料移交、保存。

【参考答案】向建设单位移交的资料包括：（1）、（3）、（4）、（5）；不需要向建设单位移交的资料：（2）。

监理单位保存的资料包括：（1）、（2）、（3）、（4）、（5）。

【案例 6—20190104】

【背景资料】某工程，实施过程中发生如下事件：

事件 4：工程竣工验收阶段，建设单位要求项目监理机构将整理完成的归档监理文件资料直接移交城建档案管理机构存档。

【问题】针对事件 4，建设单位的做法有什么不妥？写出监理文件资料的归档移交程序。

【考点】监理文件资料的归档移交程序。

【参考答案】

针对事件 4，建设单位的做法的不妥：要求项目监理机构不应该将整理完成的归档监理文件资料直接移交城建档案管理机构存档。

写出监理文件资料的归档移交程序：

（1）列入城建档案管理部门接收范围的工程，建设单位在工程竣工验收后 3 个月内向城建档案管理部门移交一套符合规定的工程档案（监理文件资料）。

（2）停建、缓建工程的监理文件资料暂由建设单位保管。

（3）对改建、扩建和维修工程，建设单位应组织工程监理单位据实修改、补充和完善监理文件资料，对改变的部位，应当重新编写，并在工程竣工验收后 3 个月内向城建档案管理部门移交。

（4）建设单位向城建档案管理部门移交工程档案（监理文件资料），应办理移交手续，填写移交目录，双方签字、盖章后交接。

（5）工程监理单位应在工程竣工验收前将监理文件资料按合同约定的时间、套数移交给建设单位，办理移交手续。

【案例 7—20130104】

【背景资料】某工程，实施过程中发生如下事件：

事件 4：项目监理机构在整理归档监理文件资料时，总监理工程师要求将需要归档的监理文件直接移交本监理单位和城建档案管理机构保存。

【问题】事件 4 中，指出总监理工程师对监理文件归档要求的不妥之处，写出正确做法。

【考点】归档文件的移交。

【参考答案】事件 4 中，总监理工程师对监理文件归档要求的不妥之处及正确做法：

不妥之处：将需要归档的监理文件直接移交城建档案管理机构保存。

正确做法：项目监理机构向监理单位移交归档，监理单位将归档的监理文件移交建设单位，由建设单位收集和汇总后，移交城建档案管理机构保存。

【案例 8—20060104】

【背景资料】某市政工程分为四个施工标段。总监理工程师强调该工程监理文件档案资料十分重要，要求归档时应直接移交本监理单位和城建档案管理机构保存。

【问题】指出总监理工程师提出监理文件档案资料归档要求的不妥之处，写出监理文件档案资料归档程序。

【考点】建设工程档案归档。

【参考答案】总监理工程师提出监理文件档案资料归档要求的不妥之处：直接移交城建档案机构。

监理文件档案资料归档程序：项目监理机构向监理单位移交归档，监理单位向建设单位移交归档，建设单位向城建档案管理机构移交归档。

第七节　建设工程风险管理

一、建设工程风险及其管理过程

【案例1】

【背景资料】某工程，监理机构通过对风险管理的五个主要环节的系统、循环的管理，并与质量控制、造价控制、进度控制、合同管理、信息管理、组织协调等进行了综合管理。

【问题】按照风险来源进行划分，风险因素包括哪些？指出风险管理的五个主要环节。

【考点】建设工程风险及其管理过程。

【参考答案】按照风险来源进行划分，风险因素包括自然风险、社会风险、经济风险、法律风险和政治风险。

风险管理的五个主要环节：风险识别、风险分析与评价、风险对策的决策、风险对策的实施和风险对策实施的监控。

二、建设工程风险识别与评价

【案例2—20110103】

【背景资料】某工程，监理合同履行过程中，发生如下事件：

事件3：针对该工程的风险因素，项目监理机构综合考虑风险回避、风险转移、损失控制、风险自留四种对策，提出了相应的应对措施，见表1-2。

风险因素及应对措施　　　　　　　　　　　　　　　　　　表1-2

代码	风险因素	应对措施
A	易燃物品仓库紧邻施工项目部办公用房	施工单位重新进行平面布置，确保两者之间保持安全距离
B	工程材料价格上涨	建设单位签订固定总价合同
C	施工单位报审的分包单位无类似工程施工业绩	施工单位更换分包单位
D	施工组织设计中无应急预案	施工单位制定应急预案

续表

代码	风险因素	应对措施
E	建设单位负责采购的设备技术性能复杂，配套设备较多	建设单位要求供货方负责设备安装调试
F	工程地质条件复杂	建设单位设立专项基金

【问题】指出表1-2中A～F的风险应对措施分别属于四种对策中的哪一种。

【考点】风险对策。

【参考答案】A属于损失控制；B属于风险转移；C属于风险回避；D属于控制损失；E属于风险转移；F属于风险自留。

三、建设工程风险对策与监控

【案例3—20030101】

【背景资料】某工业项目，建设单位委托了一家监理单位协助组织工程招标并负责施工监理工作。总监理工程师在主持编制监理规划时，安排了一位专业监理工程师负责项目风险分析和相应监理规划内容的编写工作。经过风险识别、评价，按风险量的大小将该项目中的风险归纳为大、中、小三类。根据该建设项目的具体情况，监理工程师对建设单位的风险事件提出了正确的风险对策，相应制定了风险控制措施，见表1-3。

风险对策及控制措施　　　　　　　　　　　　　　表1-3

序号	风险事件	风险对策	控制措施
1	通货膨胀	风险转移	建设单位与承包单位签订固定总价合同
2	承包单位技术、管理水平低	风险回避	出现问题向承包单位索赔
3	承包单位违约	风险转移	要求承包单位提供第三方担保或提供履约保函
4	建设单位购买的昂贵设备运输过程中的意外事故	风险转移	从现金净收入中支出
5	第三方责任	风险自留	建立非基金储备

【问题】针对监理工程师提出的风险转移、风险回避和风险自留三种风险对策，指出各自的适用对象（指风险量大小）。分析监理工程师在表1-3中提出的各项风险控制措施是否正确？说明理由。

【考点】建设工程风险对策与监控。

【参考答案】风险转移适用于风险量大或中等的风险事件。风险回避适用于风险量大的风险事件。风险自留适用于风险量小的风险事件。

在表1-3中提出的各项风险控制措施：

（1）正确。固定总价合同对建设单位没有风险。

（2）不正确。应选择技术管理水平高的承包单位。

（3）正确。第三方担保或承包单位提供履约保函可转移风险。

（4）不正确。从现金净收入中支出属风险自留（或答"应购买保险"）。

（5）正确。出现风险损失，从非基金储备中支付，有应对措施。

【案例4—20160102】

【背景资料】某工程，实施过程中发生如下事件：

事件2：项目监理机构分析工程建设有可能出现的风险因素，分别从风险回避、损失控制、风险转移和风险自留四种风险对策方面，向建设单位提出了应对措施建议，见表1-4。

风险因素及应对措施表　　　　　　　　　　　　　　　表1-4

代码	风险因素	风险应对措施
A	人工费和材料费波动比较大	签订总价合同
B	采用新技术较多，施工难度大	变更设计，采用成熟技术
C	场地内可能有残留地下障碍物	设立专项基金
D	工程所在地风灾频发	购买工程保险
E	工程投资失控	完善投资计划，强化动态监控

【问题】逐项指出表1-4中的风险应对措施分别属于哪一种风险对策。

【考点】建设工程风险对策及监控。

【参考答案】表中的风险应对措施分别属于的风险对策如下：

（1）签订总价合同属于风险转移。

（2）变更设计、采用成熟技术属于风险回避。

（3）设立专项基金属于损失控制。

（4）购买工程保险属于风险转移。

（5）完善投资计划，强化动态监控属于风险自留。

【案例5—20200103】

【背景资料】某工程，施工合同价款30000万元，工期36个月。实施过程中发生如下事件：

事件3：工程开工前，项目监理机构预测分析工程实施过程中可能出现的风险因素，并提出风险应对建议：

（1）拟订货的某品牌设备故障率较高，建议更换生产厂家。

（2）工程紧邻学校，建议采取降噪措施减小噪声对学生的影响。

（3）施工单位拟选择的分包单位无类似工程施工经验，建议更换分包单位。

（4）某专业工程施工难度大、技术要求高，建议选择有经验的专业分包单位。

（5）恶劣气候条件可能会严重影响工程，建议购买工程保险。

（6）由于工期紧、质量要求高，建议要求施工单位提供履约担保。

【问题】事件3中的风险应对建议，分别属于风险回避、损失控制、风险转移和风险自留应对策略中的哪一种？

【考点】建设工程风险对策。

【参考答案】事件3中：

（1）属于风险回避；

（2）属于损失控制；

（3）属于风险回避；

（4）属于风险回避；

（5）属于风险转移；

（6）属于风险转移。

第二章
建设工程合同管理

知识导学

考试涉及本章的采分点的重要程度依次为:

(1)建设工程施工招标。

(2)工程变更、索赔管理。

(3)建设工程施工合同履行管理。

(4)建设工程施工合同订立。

(5)设备采购合同履行管理。

考生主要看前3个采分点,后2个采分点可以不看,尤其是最后一个。

本章中有关工程变更管理、索赔管理、不可抗力等内容,在考试中,一般会有进度管理、投资管理的内容结合来考核,因此,我们把这部分内容的主要题目穿插在进度管理和投资管理章节来讲解。

第一节 建设工程施工招标

一、招标方式

【案例1】

【背景资料】某工程,在施工招标时,建设单位选择采用邀请招标的方式来选择施工单位,对符合条件的5家法人发出邀请函。

【问题】在哪些情况下可以选择邀请招标?邀请招标是否需要发布招标公告和设置资格预审程序?

【考点】招标方式。

【参考答案】可以选择邀请招标的情况:

(1)技术复杂、有特殊要求或者受自然环境限制,只有少量潜在投标人可供选择;

（2）采用公开招标方式的费用占项目合同金额的比例过大。

邀请招标不需要发布招标公告和设置资格预审程序。

二、施工招标程序

【案例2—20180404】

【背景资料】某工程的桩基工程和内装饰工程属于依法必须招标的暂估价分包工程，施工合同约定由施工单位负责招标。施工单位通过招标选择了A单位分包桩基工程施工。工程实施过程中发生如下事件：

事件4：室内装饰工程招标工作启动后，施工单位在向项目监理机构报送的招标方案中提出：

（1）允许施工单位的参股公司参与投标；

（2）投标单位必须具有本地类似工程业绩；

（3）招标控制价由施工单位最终确定；

（4）建设单位和施工单位共同确定中标人；

（5）由施工单位发出中标通知书；

（6）建设单位和施工单位共同与中标人签订合同。

【问题】逐项指出事件4招标方案中的提法是否妥当，不妥之处说明理由。

【考点】《招标投标法》与《招标投标法实施条例》的规定。

【参考答案】事件4招标方案中的提法是否妥当的判断及理由：

（1）允许施工单位的参股公司参与投标，不妥当。

理由：根据《招标投标法实施条例》，与招标人存在利害关系，可能影响招标公正性的法人、其他组织或者个人，不得参加投标。作为招标单位参股的公司不得成为投标人。

（2）投标单位必须具有本地类似工程业绩，不妥当。

理由：以特定地区作为中标条件，属于不合理的条件限制、排斥潜在投标人或者投标人。

（3）招标控制价由施工单位最终确定，妥当。

（4）建设单位和施工单位共同确定中标人，妥当。

（5）由施工单位发出中标通知书，妥当。

（6）建设单位和施工单位共同与中标人签订合同，不妥当。

理由：依法分包的工程，需要招标的，由招标人和投标人签订合同，应由施工单位与中标人签订合同。

【案例3—20040103】

【背景资料】在施工公开招标中，评标委员会由5人组成，其中当地建设行政管理部门的招标投标管理办公室主任1人、建设单位代表1人、政府提供的专家库中抽取的技术、经济专家3人。

【问题】指出施工招标评标委员会组成的不妥之处，说明理由，并写出正确做法。

【考点】评标委员会组成。

【参考答案】施工招标评标委员会组成的不妥之处、理由及其正确做法如下：

（1）不妥之处：评标委员会的组成中，有建设行政管理部门的招标投标管理办公室主任参加。

理由：评标委员会由招标人的代表和有关技术、经济方面的专家组成。

正确做法：投标管理办公室主任不能成为评标委员会成员。

（2）不妥之处：政府提供的专家库中抽取的技术经济专家3人。

理由：评标委员会中的技术经济等方面的专家不得少于成员总数的2/3。

正确做法：至少应有5人是技术经济专家。

【案例4—20110201】

【背景资料】某实施监理的工程，在招标与施工阶段发生如下事件：

事件1：招标代理机构提出，评标委员会由7人组成，包括建设单位纪委书记、工会主席，当地招标投标管理办公室主任，以及从评标专家库中随机抽取的4位技术、经济专家。

【问题】指出事件1中评标委员会人员组成的不正确之处，并说明理由。

【考点】评标委员会组成规定。

【参考答案】事件1中评标委员会人员组成的不正确之处以及理由。

（1）不正确之处：当地招标投标管理办公室主任作为评标委员不正确，理由：违反了行政监督部门的人员不得担任评标委员会成员的规定。

（2）不正确之处：按照《招标投标法》的规定，评标委员会应由5人以上单数的评标委员组成，其中专家人数不少于2/3。理由：由7人组成的评标委员会从评标专家库抽取技术、经济专家应不少于5人，因此只抽取了4位专家不符合规定的数量。

【案例5—20190401】

【背景资料】某工程，建设单位采用公开招标方式选择工程施工单位，实施过程中发生如下事件：

事件1：建设单位提议：评标委员会由5人组成，包括建设单位代表1人、招标监管机构工作人员1人和评标专家库随机抽取的技术、经济专家3人。

【问题】针对事件1，建设单位的提议有什么不妥？说明理由。

【考点】评标委员会的组成。

【参考答案】事件1中建设单位提议的不妥之处及理由：

（1）不妥之处：评标委员会有招标监管机构工作人员1人。

理由：行政监督部门的人员不得担任评标委员会成员。

（2）不妥之处：评标委员会的技术、经济专家为3人。

理由：评标委员会由招标人的代表和有关技术、经济等方面的专家组成，成员人数为5人以上单数。其中，技术、经济等方面的专家不得少于成员总数的2/3，应至少为 5 人。

三、资格审查

【案例 6—20040102】

【背景资料】在施工公开招标中，有 A、B、C、D、E、F、G、H 等施工单位报名投标，经监理单位资格预审均符合要求，但建设单位以 A 施工单位是外地企业为由不同意其参加投标，而监理单位坚持认为 A 施工单位有资格参加投标。

【问题】在施工招标资格预审中，监理单位认为 A 施工单位有资格参加投标是否正确？说明理由。

【考点】施工招标资格预审。

【参考答案】在施工招标资格预审中，监理单位认为 A 施工单位有资格参加投标是正确的。

理由：以所处地区作为确定投标资格的依据是一种歧视性的依据，这是《招标投标法》明确禁止的行为。

【案例 7—20170401】

【背景资料】某依法必须招标的工程，建设单位采用公开招标方式选择监理单位承担施工监理任务，工程施工过程中发生如下事件：

事件 1：编制监理招标文件时，建设单位提出投标人除应具备规定的工程监理资质条件外，还必须满足下列条件：

（1）具有工程招标代理资质；

（2）不得组成联合体投标；

（3）已在工程所在地行政辖区内进行工商注册登记；

（4）属于混合股份制企业。

【问题】逐条指出事件 1 中建设单位针对投标人提出的条件是否妥当，说明理由。

【考点】《招标投标法实施条例》的规定。

【参考答案】事件 1 中建设单位针对投标人提出的条件是否妥当的判定及理由的说明：

（1）具有工程招标代理资质的要求，不妥当。

理由：招标人不得以投标人是否具有工程招标代理资质的要求排斥潜在投标人。

（2）不得组成联合体投标的要求，妥当。

理由：招标人有权拒绝联合体投标，可以在资格预审公告、招标公告或者投标邀请书中载明是否接受联合体投标。

（3）投标人在工程所在地行政辖区内进行了工商注册登记的要求，不妥当。

理由：招标人不得以地区限制、排斥潜在投标人。

（4）投标人属于混合股份制企业的要求，不妥当。

理由：招标人不得非法限定潜在投标人或者投标人的所有制形式或者组织形式。

【案例 8—20130401】

【背景资料】某工程，监理单位承担了施工招标代理和施工监理任务。工程实施过程中发生如下事件：

事件 1：施工招标过程中，建设单位提出的部分建议如下：

（1）省外投标人必须在工程所在地承担过类似工程；

（2）投标人应在提交资格预审文件截止日前提交投标保证金；

（3）联合体中标的，可由联合体代表与建设单位签订合同；

（4）中标人可以将某些非关键性工程分包给符合条件的分包人完成。

【问题】逐条指出事件 1 中监理单位是否应采纳建设单位提出的建议并说明理由。

【考点】招标投标。

【参考答案】事件 1 中监理单位是否应采纳建设单位提出的建议和理由：

建议（1）不采纳。

理由：招标人不得以不合理的条件限制或排斥潜在投标人，不得对潜在投标人实行歧视待遇。

建议（2）不采纳。

理由：投标人应在提交投标文件截止日之前随投标文件提交投标保证金。

建议（3）不采纳。

理由：联合体中标的，联合体各方应当共同与招标人签订合同，就中标项目向招标人承担连带责任。

建议（4）采纳。

理由：投标人根据招标文件载明的项目实际情况，拟在中标后将中标项目的部分非主体、非关键性工作进行分包的，应当在投标文件中载明。

四、开标

【案例 9—20170402】

【背景资料】某依法必须招标的工程，建设单位采用公开招标方式选择监理单位承担施工监理任务，工程施工过程中发生如下事件：

事件 2：经评审，评标委员会推荐了 3 名中标候选人，并进行了排序。建设单位在收到评标报告 5 日后公示了中标候选人，同时，与中标候选人协商，要求重新报价。中标候选人拒绝了建设单位的要求。

【问题】指出事件 2 中建设单位做法的不妥之处，说明理由。

【考点】《招标投标法实施条例》的规定。

【参考答案】事件 2 中建设单位做法的不妥之处及理由。

（1）不妥之处一：建设单位在收到评标报告 5 日后公示了中标候选人。

理由：依法必须进行招标的项目，招标人应当自收到评标报告之日起 3 日内公示中标候选人，公示期不得少于 3 日。

（2）不妥之处二：建设单位与中标候选人协商，要求重新报价。

理由：招标人和中标人应当依照招标投标法和招标投标条例的规定签订书面合同，合同的标的、价款、质量、履行期限等主要条款应当与招标文件和中标人的投标文件的内容一致。招标人和中标人不得再行订立背离合同实质性内容的其他协议。

五、评标

【案例 10—20040104】

【背景资料】在施工公开招标中，有 A、B、C、D、E、F、G、H 等施工单位报名投标，经监理单位资格预审均符合要求，评标时发现，B 施工单位投标报价明显低于其他投标单位报价且未能合理说明理由；D 施工单位投标报价大写金额小于小写金额；F 施工单位投标文件提供的检验标准和方法不符合招标文件的要求；H 施工单位投标文件中某分项工程的报价有个别漏项；其他施工单位的投标文件均符合招标文件要求。建设单位最终确定 G 施工单位中标，并按照《建设工程施工合同（示范文本）》与该施工单位签订了施工合同。

【问题】判断 B、D、F、H 四家施工单位的投标是否为有效标？说明理由。

【考点】有效标的评定。

【参考答案】B、D、F、H 四家施工单位的投标是否为有效标的判断：

（1）B 施工单位的投标为无效标。理由：B 施工单位的情况可以认定为低于成本。

（2）D 施工单位的投标是有效标。理由：D 施工单位的投标报价大写金额小于小写金额属于细微偏差。

（3）F 施工单位的投标为无效标。理由：施工 F 单位的情况可以认定为是明显不符合技术规格和技术标准的要求，属重大偏差。

（4）H 施工单位的投标是有效标。理由：H 施工单位投标文件中某分项工程的报价有个别漏项属于细微偏差。

六、联合体投标

【案例 11—20190402】

【背景资料】某工程，建设采用公开招标方式选择工程监理单位，实施过程中发生如下事件：

事件 2：评标时，评标委员会评审发现：A 投标人为联合体投标，没有提交联合体共同投标协议；B 投标人将造价控制监理工作转让给具有工程造价咨询资质的专业单位；C 投标人拟派的总监理工程师代表不具备注册监理工程师执业资格；D 投标人的投标报价高于招标文件设定的最高投标限价。评标委员会决定否决上述各投标人的投标。

【问题】针对事件 2，分别指出评标委员会决定否决 A、B、C、D 投标人的投标是否正确，并说明理由。

【考点】否决投标。

【**参考答案**】事件 2 中的评标委员会决定否决 A、B、C、D 投标人的投标是否正确及理由：

（1）评标委员会决定否决 A 投标人的投标是正确的。

理由：投标联合体没有提交共同投标协议，评标委员会应当否决其投标。

（2）评标委员会决定否决 B 投标人的投标是正确的。

理由：根据《建设工程质量管理条例》，工程监理单位不得转让工程监理业务。

（3）评标委员会决定否决 C 投标人的投标是不正确的。

理由：总监理工程师代表由具有工程类注册执业资格或具有中级及以上专业技术职称、3 年及以上工程实践经验并经监理业务培训的人员。

（4）评标委员会决定否决 D 投标人的投标是正确的。

理由：投标报价低于成本或者高于招标文件设定的最高投标限价，评标委员会应当否决其投标。

第二节 建设工程施工合同订立

一、合同文件的组成及优先解释次序

【**案例 1**】

【**背景资料**】某工程，现摘录了部分合同的组成文件：通用合同条款、合同协议书、专用合同条款、投标函及投标函附录、已标价的工程量清单。

【**问题**】请将以上合同的组成文件按优先解释次序排列，并补充其他合同的组成文件。

【**考点**】合同组成文件的优先解释次序。

【**参考答案**】以上合同的组成文件按优先解释次序：合同协议书、投标函及投标函附录、专用合同条款、通用合同条款、已标价的工程量清单。

其他合同的组成文件包括：中标通知书、技术标准和要求、图纸、其他合同文件。

二、发包人的义务

【**案例 2—20160402**】

【**背景资料**】某工程，建设单位委托监理单位承担施工招标代理和施工监理任务，工程实施过程中发生如下事件：

事件 2：建设单位与中标施工单位按照《建设工程施工合同（示范文本）》进行合同洽谈时，双方对下列工作的责任归属产生分歧，包括：①办理工程质量、安全监督手续；②建设单位采购的工程材料使用前的检验；③建立工程质量保证体系；④组织无负荷联动试车；⑤缺陷责任期届满后主体结构工程合理使用年限内的质量保修。

【问题】逐项指出事件 2 中各项工作的责任归属。

【考点】建设单位和施工单位的义务划分。

【参考答案】事件 2 中各项工作的责任归属如下：

（1）办理工程质量、安全监督手续属于建设单位的责任。

（2）建设单位采购的工程材料使用前的检验属于施工单位的责任。

（3）建立工程质量保证体系属于施工单位的责任。

（4）组织无负荷联动试车属于建设单位的责任。

（5）缺陷责任期届满后主体结构工程合理使用年限内的质量保修属于施工单位的责任。

三、承包人的义务

【案例 3】

【背景资料】某工程，建设单位委托监理单位承担施工监理任务，工程实施过程中发生如下事件：

事件 1：监理人要求承包人负责办理取得出入施工场地的专用和临时道路的通行权。

事件 2：监理人组织设计单位向承包人和发包人对提供的施工图纸和设计文件进行交底。

事件 3：承包人编制完成施工环保措施计划后报送发包人审批。

【问题】分别判断以上事件是否正确？不正确，请改正。

【考点】施工合同当事人的义务。

【参考答案】

事件 1 不正确，正确做法：发包人负责办理取得出入施工场地的专用和临时道路的通行权。

事件 2 不正确，正确做法：发包人组织设计单位向承包人和监理人对提供的施工图纸和设计文件进行交底。

事件 3 不正确，正确做法：承包人编制的施工环保措施计划应报送监理人审批。

四、监理人的职责

【案例 4】

【背景资料】某工程，建设单位委托监理单位承担施工监理任务，工程实施过程中发生如下事件：

事件 1：监理人征得发包人同意后，在开工日期 3d 前向承包人发出了开工通知。

事件 2：监理人对承包人的施工组织设计中的进度计划进行审查时，只审查了施工阶段的时间安排是否满足合同要求。

事件 3：由于承包人的开工准备工作还不满足开工的条件，监理人推迟发出开工的指示。

【问题】分别判断以上事件是否正确？不正确，请改正。

【考点】监理人的职责。

【参考答案】对以上事件正确与否的判断：

事件1不正确，正确做法：应在开工日期7d前向承包人发出开工通知。

事件2不正确，正确做法：还应评审拟采用的施工组织、技术措施能否保证计划的实现。

事件3不正确，正确做法：虽然承包人的开工准备还不满足开工条件，但监理人仍应按时发出开工的指示。

第三节　建设工程施工合同履行管理

一、施工质量管理

【案例1—20170404】

【背景资料】某依法必须招标的工程，建设单位采用公开招标方式选择监理单位承担施工监理任务，工程施工过程中发生如下事件：

事件4：管道工程隐蔽后，项目监理机构对施工质量提出质疑，要求进行剥离复验。施工单位以该隐蔽工程已通过项目监理机构检验为由拒绝复验。项目监理机构坚持要求施工单位进行剥离复验，经复验该隐蔽工程质量合格。

【问题】针对事件4，施工单位、项目监理机构的做法是否妥当？说明理由。该隐蔽工程剥离所发生的费用由谁承担？

【考点】隐蔽工程的重新检验。

【参考答案】（1）施工单位拒绝复验不妥当，监理机构做法妥当。

理由：监理人对已覆盖的隐蔽工程部位质量有疑问时，可要求承包人对已覆盖部位进行钻孔探测或揭开重新检验，承包人应遵照执行，并在检验后重新覆盖恢复原状。

（2）该隐蔽工程经检验证明工程质量符合合同要求，因此，由发包人承担由此增加的费用和（或）工期延误，并支付承包人合理利润。

【案例2—20130302】

【背景资料】某工程，实施过程中发生如下事件：

事件2：基础工程经专业监理工程师验收合格后已隐蔽，但总监理工程师怀疑隐蔽的部位有质量问题，要求施工单位将其剥离后重新检验，并由施工单位承担由此发生的全部费用，延误的工期不予顺延。

【问题】事件2中，总监理工程师的要求是否妥当？说明理由。

【考点】隐蔽工程重新检验的责任承担问题。

【参考答案】事件2中，总监理工程师的要求不妥当。

理由：无论监理工程师是否参加了验收，当其对某部分的工程质量有怀疑，均可要求承包人对已经隐蔽的工程进行重新检验。施工单位接到通知后，应按要求进行剥离或开孔，并在检验后重新覆盖或修复。重新检验表明质量合格，建设单位承担由此发生的全部追加合同价款，赔偿施工单位损失，并相应顺延工期；检验不合格，施工单位承担发生的全部费用，工期不予顺延。

二、工程款支付管理

【案例 3—20050302】

【背景资料】某工程，建设单位与甲施工单位按照《建设工程施工合同（示范文本）》签订了施工合同。经建设单位同意，甲施工单位选择了乙施工单位作为分包单位。在合同履行中，发生了如下事件：

事件2：在施工过程中，甲施工单位的资金出现困难，无法按分包合同约定支付乙施工单位的工程款。乙施工单位向项目监理机构提出了支付申请。项目监理机构受理并征得建设单位同意后，即向乙施工单位签发了付款凭证。

【问题】指出事件2中项目监理机构做法的不妥之处，说明理由。

【考点】分包单位工程款支付规定。

【参考答案】事件2中项目监理机构做法的不妥之处：项目监理机构受理乙施工单位的支付申请，并签发付款凭证。

理由：乙施工单位和建设单位没有合同关系。

三、施工安全管理

【案例 4—20110303】

【背景资料】某实施监理的工程，甲施工单位选择乙施工单位分包基坑支护土方开挖工程。

施工过程中发生如下事件：

事件3：甲施工单位凭施工经验，未经安全验算就编制了高大模板工程专项施工方案，经项目经理签字后报总监理工程师审批的同时，就开始搭设高大模板，施工现场安全生产管理人员则由项目总工程师兼任。

【问题】指出事件3中甲施工单位的做法有哪些不妥，写出正确的做法。

【考点】施工安全管理责任规定。

【参考答案】事件3中甲施工单位做法的不妥以及正确的做法：

（1）高大模板工程施工属于危险性较大的工程，需要在施工组织设计中编制专项施工方案。因此，甲施工单位凭施工经验未经安全验算不妥，应经安全验算并附验算结果。

（2）专项施工方案应经甲施工单位技术负责人审查签字后报总监理工程师审批，仅经项目经理签字后即报总监理工程师审批不妥。

（3）按照《建设工程安全生产管理条例》的规定，六类危险性较大工程的专项施工方案编制后，需经 5 人以上专家论证后才可以实施。因此，高大模板工程施工方案未经专家论证、评审不妥，应由甲施工单位组织专家进行论证和评审。

（4）按照合同规定的管理程序，施工组织设计和专项施工方案应经总监理工程师签字后才可以实施，因此，甲施工单位在专项施工方案报批的同时开始搭设高大模板不妥。

（5）在施工单位项目部的组织中，应安排专职安全生产管理人员，因此，安全生产管理人员由项目总工程师兼任不妥。

四、不可抗力

【案例 5—20060404】

【背景资料】某工程，建设单位和施工单位按《建设工程施工合同（示范文本）》签订了施工合同，在施工合同履行过程中发生如下事件：

事件 4：主体结构施工时，由于发生不可抗力事件，造成施工现场用于工程的材料损坏，导致经济损失和工期拖延，施工单位按程序提出了工期和费用索赔。

【问题】事件 4 中施工单位提出的工期和费用索赔是否成立？为什么？

【考点】项目监理机构对不可抗力事件工期索赔和费用索赔处理原则。

【参考答案】对事件 4 中施工单位提出的工期和费用索赔是否成立的判断：

（1）事件 4 中施工单位提出的工期索赔成立。

理由：不可抗力导致工期延误可给予延期。

（2）事件 4 中施工单位提出的费用索赔成立。

理由：不可抗力导致施工现场用于工程的材料损坏所造成的损失由建设单位承担。

【案例 6—20080202】

【背景资料】某工程，建设单位委托具有相应资质的监理单位承担施工招标代理和施工阶段监理任务，拟通过公开招标方式分别选择建安工程施工、装修工程设计和装修工程施工单位。

在工程实施过程中，发生如下事件：

事件 2：建安工程施工单位与建设单位按《建设工程施工合同（示范文本）》签订合同后，在施工中突遇合同中约定属不可抗力的事件，造成经济损失（见表 2-1）和工地全面停工 15d。由于合同双方均未投保，建安工程施工单位在合同约定的有效期内，向项目监理机构提出了费用补偿和工程延期申请。

经济损失表　　　　　　　　　　　　　　　　　　　　表 2-1

序号	项目	金额（万元）
1	建安工程施工单位采购的已运至现场待安装的设备修理费	5.0
2	现场施工人员受伤医疗补偿费	2.0

续表

序号	项目	金额（万元）
3	已通过工程验收的供水管爆裂修复费	0.5
4	建设单位采购的已运至现场的水泥损失费	3.5
5	建安工程施工单位配备的停电时间用于应急的发电机修复费	0.2
6	停工期间施工作业人员窝工费	8.0
7	停工期间必要的留守管理人员工资	1.5
8	现场清理费	0.3
合计		21.0

【问题】事件2中，发生的经济损失分别由谁承担？建安工程施工单位总共可获得费用补偿为多少？工程延期要求是否成立？

【考点】不可抗力事件发生后的约定处理费用索赔和工期索赔的原则。

【参考答案】事件2中，发生的经济损失应由建设单位承担的是：建安工程施工单位采购的已运至现场待安装的设备修理费5.0万元；已通过工程验收的供水管爆裂修复费0.5万元；建设单位采购的已运至现场的水泥损失费3.5万元；停工期间必要的留守管理人员工资1.5万元；现场清理费0.3万元。

事件2中，发生的经济损失应由施工单位承担的是：现场施工人员受伤医疗补偿费2.0万元；建安工程施工单位配备的停电时间用于应急的发电机修复费0.2万元；停工期间施工作业人员窝工费8.0万元。

建安工程施工单位总共可获得费用补偿为5.0+0.5+1.5+0.3=7.3万元。

工程延期要求成立。

五、索赔管理

【案例7—20040305】

【背景资料】某监理单位承担了一工业项目的施工监理工作。经过招标，建设单位选择了甲、乙施工单位分别承担A、B标段工程的施工，并按照《建设工程施工合同（示范文本）》分别和甲、乙施工单位签订了施工合同。建设单位与乙施工单位在合同中约定，B标段所需的部分设备由建设单位负责采购。乙施工单位按照正常的程序将B标段的安装工程分包给丙施工单位。在施工过程中，发生了如下事件：

事件3：专业监理工程师对B标段进场的配电设备进行检验时，发现由建设单位采购的某设备不合格，建设单位对该设备进行了更换，从而导致丙施工单位停工。因此，丙施工单位致函监理单位，要求补偿其被迫停工所遭受的损失并延长工期。

【问题】在事件3中，丙施工单位的索赔要求是否应该向监理单位提出？为什么？对该索赔事件应如何应处理。

【考点】合同关系和索赔。

【**参考答案**】在事件3中，丙施工单位的索赔要求不应该向监理单位提出，因为建设单位和丙施工单位没有合同关系。

该索赔事件的处理方法：

①丙向乙提出索赔，乙向监理单位提出索赔意向书。

②监理单位收集与索赔有关的资料。

③监理单位受理乙单位提交的索赔意向书。

④总监工程师对索赔申请进行审查，初步确定费用额度和延期时间，与乙施工单位和建设单位协商。

⑤总监理工程师对索赔费用和工程延期作出决定。

六、施工分包合同履行管理

【案例8—20020302】

【**背景资料**】某监理公司承担了一体育馆施工阶段（包括施工招标）的监理任务。经过施工招标，业主选定A工程公司为中标单位。在施工合同中双方约定，A工程公司将设备安装、配套工程和桩基工程的施工分别分包给B、C和D三家专业工程公司，业主负责采购设备。

该工程在施工招标和合同履行过程中发生了下述事件：

事件2：桩基工程施工完毕，已按国家有关规定和合同约定作了检测验收。监理工程师对其中5号桩的混凝土质量有怀疑，建议业主采用钻孔取样方法进一步检验。D公司不配合，总监理工程师要求A公司给予配合，A公司以桩基为D公司施工为由拒绝。

【**问题**】针对事件2，A公司的做法妥当否？为什么？

【**考点**】建设工程施工合同管理中对于工程分包的有关规定。

【**参考答案**】A公司的做法不妥。

理由：根据建设工程施工合同管理中对于工程分包的有关规定，工程分包不能解除承包人对发包人应承担在该工程部位施工的合同义务。因此总承包单位应承担连带责任。本题中A公司与D公司是总包与分包的关系，A公司对D公司的施工质量问题承担连带责任，故A公司有责任配合监理工程师的检验要求。

【案例9—20020305】

【**背景资料**】某监理公司承担了一体育馆施工阶段（包括施工招标）的监理任务。经过施工招标，业主选定A工程公司为中标单位。在施工合同中双方约定，A工程公司将设备安装、配套工程和桩基工程的施工分别分包给B、C和D三家专业工程公司，业主负责采购设备。

该工程在施工招标和合同履行过程中发生了下述事件：

事件5：C公司在配套工程设备安装过程中发现附属工程设备材料库中部分配件丢失，要求业主重新采购供货。

【**问题**】针对事件5，C公司的要求是否合理？为什么？

【考点】建设工程施工合同中关于分包工程的管理规定。

【参考答案】C公司的要求不合理。

理由：一方面，C公司作为分包单位，根据建设工程施工合同中关于分包工程的管理规定，分包单位与业主之间没有合同关系，只能够向承包单位提出要求，不应直接向业主提出采购要求；另一方面，根据建设工程施工合同管理中关于材料设备的到货检验的有关规定，对于发包人供应的材料设备，经清点移交后，交承包人保管，因承包人的原因发生损坏丢失，由承包人负责赔偿。

【案例 10—20030402】

【背景资料】监理单位承担了某工程的施工阶段监理任务，该工程由甲施工单位总承包。甲施工单位经建设单位同意并经监理单位进行资质审查合格的乙施工单位作为分包。施工过程中发生了以下事件：

事件2：施工过程中，专业监理工程师发现乙施工单位施工的分包工程部分存在质量隐患，为此，总监理工程师同时向甲、乙两施工单位发出了整改通知。甲施工单位回函称：乙施工单位施工的工程是经建设单位同意进行分包的，所以本单位不承担该部分工程的质量责任。

【问题】针对事件2，甲施工单位的答复是否妥当？为什么？总监理工程师签发的整改通知是否妥当？为什么？

【考点】建设工程施工合同中关于分包合同的管理。

【参考答案】（1）甲施工单位的答复不妥。

理由：根据建设工程施工合同管理中对于工程分包的有关规定，工程分包不能解除承包人对发包人应承担在该工程部位施工的合同义务。因此总承包单位应承担连带责任。

（2）总监理工程师向乙施工单位签发整改通知不妥。

理由：根据建设工程施工合同示范文本中对于分包合同管理的有关规定，总监理工程师不能够与分包单位发生直接的工作联系，仅与承包商建立监理与被监理的关系。因此，总监理工程师只能给甲施工单位签发整改通知，因为建设单位与乙施工单位没有合同关系。

【案例 11—20090402】

【背景资料】某实行监理的工程，建设单位通过招标选定了甲施工单位，施工合同中约定：施工现场的建筑垃圾由甲施工单位负责清除，其费用包干并在清除后一次性支付；甲施工单位将混凝土钻孔灌注桩分包给乙施工单位。建设单位、监理单位和甲施工单位共同考察确定商品混凝土供应商后，甲施工单位与商品混凝土供应商签订了混凝土供应合同。

施工过程中发生下列事件：

事件2：在混凝土钻孔灌注桩施工过程中，遇到地下障碍物，使桩不能按设计的轴线施工。乙施工单位向项目监理机构提交了工程变更申请，要求绕开地下障碍物进行钻孔灌注桩施工。

【问题】事件2中，乙施工单位向项目监理机构提交工程变更申请是否正确？说明理由。写出项目监理机构处理该工程变更的程序。

【考点】分包合同管理和工程变更管理程序。

【参考答案】事件2中，乙施工单位向项目监理机构提交工程变更申请是不正确的。

理由：乙施工单位与建设单位没有任何合同关系。

项目监理机构处理该工程变更的程序：项目监理单位接到甲施工单位提交的工程变更申请后，应由总监理工程师组织专业监理工程师根据实际情况和工程变更有关的资料进行审查，审查同意后，由建设单位转交原设计单位编制设计变更文件，并对工程变更的费用和工期作出评估，总监理工程师就工程变更费用及工期的评估情况与甲施工单位和建设单位进行协调，最后由总监理工程师签发工程变更单。

【案例12—20090403】

【背景资料】某实行监理的工程，建设单位通过招标选定了甲施工单位，施工合同中约定：施工现场的建筑垃圾由甲施工单位负责清除，其费用包干并在清除后一次性支付；甲施工单位将混凝土钻孔灌注桩分包给乙施工单位。建设单位、监理单位和甲施工单位共同考察确定商品混凝土供应商后，甲施工单位与商品混凝土供应商签订了混凝土供应合同。

施工过程中发生下列事件：

事件3：项目监理机构在钻孔灌注桩验收时发现，部分钻孔灌注桩的混凝土强度未达到设计要求，经查是商品混凝土质量存在问题。项目监理机构要求乙施工单位进行处理，乙施工单位处理后，向甲施工单位提出费用补偿要求。甲施工单位以混凝土供应商是建设单位参与考察确定的为由，要求建设单位承担相应的处理费用。

【问题】事件3中，项目监理机构对乙施工单位提出要求是否妥当？说明理由。写出项目监理机构对钻孔灌注桩混凝土强度未达到设计要求问题的处理程序。

【考点】分包合同管理及不符合质量要求工程的处理程序。

【参考答案】事件3中，项目监理机构对乙施工单位提出要求不妥当。

理由：为了准确地区分合同责任，项目监理机构就分包工程施工发布的任何指示均应发给总承包商。

项目监理机构对钻孔灌注桩混凝土强度未达到设计要求问题的处理程序：总监理工程师签发《工程暂停令》，指令甲施工单位停工进行整改，并要求写出质量问题调查报告，征得建设单位同意后，批复甲施工单位处理，处理结果要重新进行验收。

第四节 工程变更、索赔管理

一、工程变更管理

【案例1—20120201】

【背景资料】某实施监理的工程,建设单位与甲施工单位按《建设工程施工合同（示范文本）》签订了合同, 合同工期2年。经建设单位同意, 甲施工单位将其中的专业工程分包给乙施工单位。

工程实施过程中发生以下事件:

事件1:甲施工单位在基础工程施工时发现, 现场条件与施工图不符, 遂向项目监理机构提出变更申请。总监理工程师指令甲施工单位暂停施工后,立即与设计单位联系,设计单位同意变更, 但同时表示无法及时提交变更后的施工图。总监理工程师将此事报告建设单位, 建设单位随即要求总监理工程师修改施工图并签署变更文件, 交甲施工单位执行。

【问题】分别指出事件1中总监理工程师和建设单位做法的不妥之处。写出该变更的正确处理程序。

【考点】项目监理机构收到施工单位提交的工程变更申请后的处理程序。

【参考答案】事件1中, 总监理工程师和建设单位的做法有以下两处不妥:

（1）项目监理机构收到施工单位提交的工程变更申请后, 总监理工程师直接与设计单位联系不妥。

（2）总监理工程师向建设单位报告施工单位申请工程变更事宜后, 建设单位随即要求总监理工程师修改施工图并签署变更文件不妥。

项目监理机构收到甲施工单位提交的工程变更申请后, 正确的处理程序如下:

①总监理工程师报建设单位;

②建设单位联系设计单位;

③设计单位修改施工图并签署设计变更文件;

④建设单位收到设计变更文件后转交项目监理机构;

⑤总监理工程师向甲施工单位发出工程变更单。

【案例2—20140502】

【背景资料】某工程, 施工过程中发生如下事件:

事件2:甲施工单位施工的设备基础（工作F）验收时, 项目监理机构发现设备基础预埋件位置与运抵施工现场待安装的设备尺寸不一致。经查,是因设计单位原因所致。

设计单位修改了设备基础设计图纸并按程序进行了审批与会签, 甲施工单位按照变更后的设计图纸进行了返工处理, 发生费用5万元。处理该变更用时20d。甲施工单位在合同约定的时限内通过项目监理机构向建设单位提出了费用补偿 5 万元和工程延期 20d 的要求。

【问题】写出事件 2 中项目监理机构处理该设计变更的程序。

【考点】项目监理机构处理设计变更的程序。

【参考答案】事件 2 中，项目监理机构处理设计变更的程序如下：

（1）对变更费用和工期影响作出评估；

（2）与建设单位、施工单位共同协商确定费用及工期变化；

（3）会签《工程变更单》；

（4）监督甲施工单位返工处理。

【案例 3—20030102】

【背景资料】某工业项目通过招标，建设单位与土建承包单位和设备安装单位签订了合同。

设备安装时，监理工程师发现土建承包单位施工的某一设备基础预埋的地脚螺栓位置与设备基座相应的尺寸不符，设备安装单位无法将设备安装到位，造成设备安装单位工期延误和费用损失。经查，土建承包单位是按设计单位的设备基础图施工的，而建设单位采购的是该设备的改型产品，基座尺寸与原设计图纸不符。对此，建设单位决定作设计变更，按进场设备的实际尺寸重新预埋地脚螺栓，仍由原土建承包单位负责实施。

【问题】针对建设单位提出的设计变更，说明实施设计变更过程的工作程序。

【考点】项目监理机构处理承包人申请变更的程序。

【参考答案】建设单位要求变更的处理程序为：

（1）建设单位将变更要求通知设计单位，如果有变更的方案和建议，应一并报送设计单位。

（2）设计单位研究设计变更内容，并完成设计变更图纸，以书面形式签发给建设单位。

（3）总监理工程师审核设计变更图纸，并签发《工程变更单》。

（4）总监理工程师对变更的费用和工期作出评估，协助建设单位、施工单位进行协商，并达成一致。

（5）各方签认设计变更单，承包单位按变更的决定组织施工。

（6）监督承包单位实施设计变更的内容。

二、索赔管理

【案例 4—20100204】

【背景资料】某实施监理的工程，建设单位与甲施工单位签订施工合同，约定的承包范围包括 A、B、C、D、E 五个子项目，其中，子项目 A 包括拆除废弃建筑物和新建工程两部分，拆除废弃建筑物分包给具有相应资质的乙施工单位。

工程实施过程中发生下列事件：

事件3：受金融危机影响，建设单位于2010年1月20日正式通知甲施工单位与监理单位，缓建尚未施工的子项目D、E。而此前，甲施工单位已按照批准的计划订购了用于子项目D、E的设备，并支付定金300万元。鉴于无法确定复工时间，建设单位于2010年2月10日书面通知甲施工单位解除施工合同。

【问题】事件3中，若解除施工合同，根据《建设工程监理规范》，甲施工单位应得到哪些费用补偿？

【考点】项目监理机构处理费用索赔的主要依据。

【参考答案】若解除施工合同，根据《建设工程监理规范》，甲施工单位应得到的费用补偿包括：

（1）承包单位已完成的工程量表中所列的各项工作所应得的款项；

（2）按批准的采购计划订购工程材料、设备、构配件的款项；

（3）承包单位撤离施工设备至原基地或其他目的地的合理费用；

（4）承包单位所有人员的合理遣返费用；

（5）合理的利润补偿；

（6）施工合同规定的建设单位应支付的违约金。

【案例5—20150502】

【背景资料】某工程，施工过程中发生如下事件：

事件1：工作B完成后，验槽发现工程地质情况与设计不符、设计变更导致工作D和E分别比原计划推迟10d和5d开始施工，造成施工单位窝工损失15万元。施工单位向项目监理机构提出索赔，要求工程延期15d、窝工损失补偿15万元。

【问题】事件1中，施工单位应向项目监理机构报送哪些索赔文件？

【考点】施工单位向项目监理机构报送的索赔文件。

【参考答案】事件1中，施工单位应向项目监理机构报送的索赔文件有：索赔意向通知书；工程临时或最终延期报审表和费用索赔报审表。

【案例6—20120403】

【背景资料】某实施监理的工程，工程实施过程中发生以下事件：

事件3：主体工程施工过程中，因不可抗力造成损失。甲施工单位及时向项目监理机构提出索赔申请，并附有相关证明材料，要求补偿的经济损失如下：

（1）在建工程损失26万元；

（2）施工单位受伤人员医药费、补偿金4.5万元；

（3）施工机具损坏损失12万元；

（4）施工机械闲置、施工人员窝工损失5.6万元；

（5）工程清理、修复费用3.5万元。

【问题】逐项分析事件3中的经济损失是否应补偿给甲施工单位，分别说明理由。项目监理机构应批准的补偿金额为多少万元？

【考点】工程费用索赔处理原则。

【参考答案】（1）在建工程损失26万元的经济损失应补偿给施工单位，因不可抗力造成工程本身的损失，由建设单位承担。

（2）施工单位受伤人员医药费、补偿金4.5万元的经济损失不应补偿给施工单位，因不可抗力造成承、发包双方人员的伤亡损失，分别由各自负责。

（3）施工机具损坏损失12万元的经济损失不应补偿给施工单位，因不可抗力造成承包人机械设备损坏及停工损失，由承包人承担。

（4）施工机械闲置、施工人员窝工损失5.6万元的经济损失不应补偿给施工单位，因不可抗力造成承包人机械设备损坏及停工损失，由承包人承担。

（5）工程清理、修复费用3.5万元的经济损失应补偿给施工单位，因不可抗力增加的工程所需清理、修复费用，由建设单位承担。

项目监理机构应批准的补偿金额=26+3.5=29.5万元。

【案例7—20110301】

【背景资料】某实施监理的工程，甲施工单位选择乙施工单位分包基坑支护土方开挖工程。

施工过程中发生如下事件：

事件1：乙施工单位开挖土方时，因雨季下雨导致现场停工3d，在后续施工中，乙施工单位挖断了一处在建设单位提供的地下管线图中未标明的煤气管道，因抢修导致现场停工7d。为此，甲施工单位通过项目监理机构向建设单位提出工期延期10d和费用补偿2万元（合同约定，窝工综合补偿2000元/d）的请求。

【问题】指出事件1中挖断煤气管道事故的责任方，说明理由。项目监理机构批准的工程延期和费用补偿各多少？说明理由。

【考点】监理单位对变更的处理。

【参考答案】事件1中挖断煤气管道事故的责任方为建设单位。

理由：按照《建设工程施工合同（示范文本）》的规定，地下埋藏物是施工单位在投标阶段不可能合理考察和预见的情况，建设单位应提供施工现场地下埋藏物的有关详细资料。因此，施工单位挖断建设单位未提供地下管图的煤气管道，损失责任应由建设单位承担。

项目监理机构批准的工程延期为7d。

理由：雨季下雨停工3d不予批准延期，只批准因抢修导致现场停工7d的工期延期。

项目监理机构批准的费用补偿为14000元。

理由：费用补偿=7d×2000元/d=14000元。

【案例8—20020303】

【背景资料】某监理公司承担了一体育馆施工阶段（包括施工招标）的监理任务。经过施工招标，业主选定A工程公司为中标单位。在施工合同中双方约定，A工程公司将设备安装、配套工程和桩基工程的施工分别分包给B、C和D三家专业工程公司，业主负责采购设备。

该工程在施工招标和合同履行过程中发生了下述事件：

事件3：若桩钻孔取样检验合格，A公司要求该监理公司承担由此发生的全部费用，赔偿其窝工损失，并顺延所影响的工期。

【问题】针对事件3，A公司的要求合理吗？为什么？

【考点】索赔成立条件。

【参考答案】A公司的要求不合理。

理由：索赔的关键要看双方有没有合同关系。施工单位与建设单位有合同关系，与监理单位没有合同关系。因此，施工单位所受的损失不应由监理单位承担，应由建设单位承担由此发生的全部费用，并顺延所影响的工期；建设单位的损失再和监理单位商议解决。

【案例9—20020404】

【背景资料】某实施监理的桥梁工程，其基础为钻孔桩。该工程的施工任务由甲公司总承包，其中桩基础施工分包给乙公司，建设单位委托丙公司监理，丙公司任命的总监理工程师具有多年桥梁设计工作经验。

施工前甲公司复核了该工程的原始基准点，基准线和测量控制点，并经专业监理工程师审核批准。

该桥1号桥墩桩基础施工完毕后，设计单位发现：整体桩位（桩的中心线）沿桥梁中线偏移，偏移量超出规范允许的误差。经检查发现，造成桩位偏移的原因是桩位施工图尺寸与总平面图尺寸不一致。因此，甲公司向项目监理机构报送了处理方案，要点如下。

（1）补桩；

（2）承台的结构钢筋适当调整，外形尺寸做部分改动。

总监理工程师根据自己多年的桥梁设计工作经验，认为甲公司的处理方案可行，因此予以批准。乙公司随即提出索赔意向通知，并在补桩施工完成后第5天向项目监理机构提交了索赔报告如下：

（1）要求赔偿整改期间机械、人员的窝工损失；

（2）增加的补桩应予以计量、支付。

理由如下：

（1）甲公司负责桩位测量放线，乙公司按给定的桩位负责施工，桩体没有质量问题；

（2）桩位施工放线成果已由现场监理工程师签认。

【问题】乙公司提出的索赔要求，总监理工程师应如何处理？说明理由。

【考点】总监理工程师对索赔的处理。

【答案】总监理工程师应不予受理。

理由：索赔的关键要看双方有没有合同关系。分包单位和建设单位没有合同关系，因此在分包合同的履行过程中，当分包商认为自己的合法权益受到损害，不论事件起因于业主或工程师的责任,还是承包商应承担的义务,他都只能向承包商提出索赔要求。总监理工程师只受理总承包单位提出的索赔。

【案例10—20180204】

【背景资料】某工程,实施过程中发生如下事件:

事件4:建设单位收到某材料供应商的举报,称施工单位已用于工程的某批装饰材料为不合格产品。据此,建设单位立即指令施工单位暂停施工,指令项目监理机构见证施工单位对该批材料的取样检测。经检测,该批材料为合格产品。为此,施工单位向项目监理机构提交了暂停施工后的人员窝工和机械闲置的费用索赔申请。

【问题】事件4中,项目监理机构是否应批准施工单位提出的索赔申请?说明理由。

【考点】索赔。

【参考答案】项目监理机构应批准施工单位提出的索赔申请。

理由:根据合同约定与《建设工程工程量清单计价规范》GB/T 50500—2013规定,对发包人要求检测承包人已具有合格证明的材料、工程设备,但经检测证明该项材料、工程设备符合合同约定的质量标准,发包人应承担由此增加的费用和(或)工期延误,并向承包人支付合理利润。因此项目监理机构应批准施工单位提出的索赔申请,因该批装饰材料质量符合要求,应由建设单位承担相关费用。

【案例11—20150404】

【背景资料】政府投资建设的某工程,施工合同约定:生产设备由建设单位直接向设备制造厂商采购;幕墙工程属于依法必须招标的暂估价分包项目,由施工合同双方共同招标确定专业分包单位;材料费中应包含技术保密费、专利费、技术资料费等。

工程实施过程中发生如下事件:

事件3:生产设备安装完毕后进行的单机无负荷试车不满足验收要求,经查,设备本身存在缺陷,须更换设备零部件。施工单位按约定程序向项目监理机构提出了零部件拆除、重新购置和重新安装的费用索赔申请。施工合同中约定施工单位负责到场生产设备的清点、验收和接收,为此,建设单位建议施工单位直接向设备制造厂商提出费用索赔申请。

【问题】事件3中,施工单位提出的费用索赔申请中哪些可以获得批准?施工单位是否应采纳建设单位的建议?说明理由。

【考点】索赔。

【参考答案】(1)事件3中,施工单位提出的费用索赔申请项中可以获得批准补偿的费用有:零部件拆除费用、重新安装费用。

(2)对于建设单位建议施工单位直接向设备制造厂商提出费用索赔申请,施工单位不应采纳。

理由:施工单位与设备制造厂商无合同关系。

【案例12—20190302】

【背景资料】某工程,实施过程中发生如下事件:

事件2：在主体结构施工过程中，项目监理机构发布重新检验的指令，指令执行完毕，施工单位向建设单位提交索赔报告并提出费用索赔的申请，建设单位以施工单位执行的项目监理机构的指令为由拒绝施工单位的费用索赔。

【问题】针对事件2，施工单位和建设单位的做法有什么不妥？写出正确做法。

【考点】承包人索赔的申请。

【参考答案】针对事件2，施工单位做法的不妥之处：向建设单位直接提交索赔报告。

正确做法：应为在索赔事件发生的后28d内，向监理人递交索赔意向通知书，并说明发生索赔事件的事由。在发出索赔意向通知书的后28d内，向监理人递交正式的索赔通知书，详细说明索赔的理由和要求，并提供必要的记录和证明材料。

建设单位做法的不妥之处：建设单位以施工单位执行的监理单位的指令为由拒绝施工单位的费用索赔。

正确做法：根据标准合同中应给承包人补偿的条款的规定同意施工单位的费用索赔。然后根据事件的性质对监理单位进行索赔。

【案例13—20150402】

【背景资料】政府投资建设的某工程，施工合同约定：生产设备由建设单位直接向设备制造厂商采购；幕墙工程属于依法必须招标的暂估价分包项目，由施工合同双方共同招标确定专业分包单位；材料费中应包含技术保密费、专利费、技术资料费等。

工程实施过程中发生如下事件：

事件1：进行挖孔桩检测时，项目监理机构发现部分桩的实际承载力达不到设计要求。经查，确认是因地质勘察资料有误所致，施工单位按程序对这些桩进行了相应技术处理，并提出工期和费用索赔申请。

【问题】事件1中，施工单位提出的工期和费用索赔是否成立？说明理由。

【考点】索赔是否成立的判断。

【参考答案】事件1中，施工单位提出的工期和费用索赔成立。

理由：地质勘察资料有误不属于施工单位责任。

【案例14—20030404】

【背景资料】监理单位承担了某工程的施工阶段监理任务，该工程由甲施工单位总承包。甲施工单位经建设单位同意并经监理单位进行资质审查合格的乙施工单位作为分包。施工过程中发生了以下事件：

事件4：乙施工单位就上述停工自身遭受的损失向甲施工单位提出补偿要求，而甲施工单位称：此次停工系执行监理职责的指令，乙施工单位应向建设单位提出索赔。

【问题】针对事件4，甲施工单位的说法是否正确？为什么？乙施工单位的损失应由谁承担？

【考点】施工分包合同索赔管理。

【参考答案】甲施工单位的说法不正确。

理由：索赔的关键要看双方有没有合同关系。分包合同为甲施工单位和乙施工单位所签订，建设单位和乙施工单位没有合同关系，因此在分包合同的履行过程中，当分包商认为自己的合法权益受到损害，不论事件起因于业主或工程师的责任，还是承包商应承担的义务，他都只能向承包商提出索赔要求。乙施工单位只能要求甲施工单位承担。

第五节　设备采购合同履行管理

一、材料采购合同的履行管理

【案例1—20020304】

【背景资料】某监理公司承担了一体育馆施工阶段（包括施工招标）的监理任务。经过施工招标，业主选定A工程公司为中标单位。在施工合同中双方约定，A工程公司将设备安装、配套工程和桩基工程的施工分别分包给B、C和D三家专业工程公司，业主负责采购设备。

该工程在施工招标和合同履行过程中发生了下述事件：

事件4：业主采购的配套工程设备提前进场，A公司派人参加开箱清点，并向监理工程师提交因此增加的保管费支付申请。

【问题】针对事件4，监理工程师是否应予以签认？为什么？

【考点】材料设备到货检验。

【参考答案】监理工程师应该予以签认。

理由：根据建设工程施工合同管理中关于材料设备的到货检验的有关规定，对于发包人供应的材料设备，若到货时间早于合同约定时间，发包人承担由此发生的保管费用。业主供应的材料设备提前进场，导致保管费用增加，属于发包人责任，应由业主承担由此发生的保管费用。

【案例2—20180403】

【背景资料】某工程的桩基工程和内装饰工程属于依法必须招标的暂估价分包工程，施工合同约定由施工单位负责招标。施工单位通过招标选择了A单位分包桩基工程施工。工程实施过程中发生如下事件：

事件3：建设单位负责采购的一批工程材料提前运抵现场后，临时放置在现场备用仓库。该批材料使用前，按合同约定进行了清点和检验，发现部分材料损毁。为此，施工单位向项目监理机构提出申请，要求建设单位重新购置损毁的工程材料，并支付该批工程材料检验费。

【问题】逐项回答事件3中施工单位的要求是否合理，说明理由。

【考点】材料采购合同的履行中提前交付货物的处理。

【参考答案】（1）事件3中，施工单位要求建设单位重新购置损毁的工程材料合理。

理由：代为保管期间，不是因保管不善而使部分材料损毁，仍由建设单位负责。

（2）事件3中，施工单位要求建设单位支付该批工程材料检验费合理。

理由：建设单位重新采购的工程材料，材料检验费应由建设单位承担。

【案例3—20160403】

【背景资料】某工程，建设单位委托监理单位承担施工招标代理和施工监理任务，工程实施过程中发生如下事件：

事件3：建设单位采购的工程设备比原计划提前两个月到场，建设单位通知项目监理机构和施工单位共同进行了清点移交。施工单位在设备安装前，发现该设备的部分部件因保管不善受到损坏需修理，部分配件采购数量不足。经协商，损坏的设备部件由施工单位修理，采购数量不足的配件由施工单位补充采购。为此，施工单位向建设单位提出费用补偿申请，要求补偿两个月的设备保管费、损坏部件修理费和配件采购费。

【问题】指出事件3中施工单位的不妥之处，写出正确做法。施工单位提出的哪些费用补偿项是合理的？

【考点】发包人供应材料与工程设备的接收、保管。

【参考答案】（1）事件3中施工单位的不妥之处及正确做法如下：

①不妥之处：建设单位通知项目监理机构和施工单位共同进行了清点移交。

正确做法：要由建设单位共同参加进场设备清点移交工作，因为是建设单位采购的工程设备。首先，要认真检查设备的型号规格和数量，说明书和设备包装上的质量标准相符合等签字后才能入库。

②不妥之处：向建设单位提出损坏部件维修费及采购配件费。

正确做法：施工单位要加强保管认真检查配件数量、质量，因自身管理原因导致的损失，其费用施工单位自行负责。

（2）施工单位提出合理的费用补偿项是：补偿两个月的设备保管费。

二、设备采购合同的履行管理

【案例4—20040302】

【背景资料】某监理单位承担了一工业项目的施工监理工作。经过招标，建设单位选择了甲、乙施工单位分别承担A、B标段工程的施工，并按照《建设工程施工合同（示范文本）》分别和甲、乙施工单位签订了施工合同。建设单位与乙施工单位在合同中约定，B标段所需的部分设备由建设单位负责采购。乙施工单位按照正常的程序将B标段的安装工程分包给丙施工单位。在施工过程中，发生了如下事件：

事件1：建设单位在采购B标段的锅炉设备时，设备生产厂商提出由自己的施工队伍进行安装更能保证质量，建设单位便与设备生产厂商签订了供货和安装合同并通知了监理单位和乙施工单位。

【问题】在事件1中，建设单位将设备交由厂商安装的做法是否正确？为什么？

【考点】设备采购合同中违约责任。

【参考答案】在事件 1 中，建设单位将设备交由厂商安装的做法不正确，因为违反了合同约定。

【案例 5—20040303】

【背景资料】某监理单位承担了一工业项目的施工监理工作。经过招标，建设单位选择了甲、乙施工单位分别承担 A、B 标段工程的施工，并按照《建设工程施工合同（示范文本）》分别和甲、乙施工单位签订了施工合同。建设单位与乙施工单位在合同中约定，B 标段所需的部分设备由建设单位负责采购。乙施工单位按照正常的程序将 B 标段的安装工程分包给丙施工单位。在施工过程中，发生了如下事件：

事件 1：建设单位在采购 B 标段的锅炉设备时，设备生产厂商提出由自己的施工队伍进行安装更能保证质量，建设单位便与设备生产厂商签订了供货和安装合同并通知了监理单位和乙施工单位。

【问题】在事件 1 中，若乙施工单位同意由该设备生产厂商的施工队伍安装该设备，监理单位应该如何处理？

【考点】设备采购合同中违约责任。

【参考答案】在事件 1 中，若乙施工单位同意由该设备生产厂商的施工队伍安装该设备，监理单位应该对厂商的资质进行审查。若符合要求，可以由该厂安装。如乙单位接受该厂作为其分包单位，监理单位应协助建设单位变更与设备厂的合同，如乙单位接受厂商直接从建设单位承包，监理单位应该协助建设单位变更与乙单位的合同；如不符合要求，监理单位应该拒绝由该厂商施工。

第三章 建设工程质量控制

知识导学

考试涉及本章采分点的重要程度依次为：

（1）施工阶段质量控制。

（2）工程施工质量验收。

（3）工程质量缺陷和事故处理。

（4）工程参建各方质量责任和义务。

（5）工程质量统计分析方法应用。

（6）工程质量试验检测方法。

最后一个采分点可以不用学习，施工阶段质量控制主要是施工准备阶段的质量控制和施工过程的质量控制。

第一节 工程参与各方质量责任和义务

一、建设单位的质量责任和义务

【案例1—20060402】

【背景资料】某工程，建设单位和施工单位按《建设工程施工合同（示范文本）》签订了施工合同，在施工合同履行过程中发生如下事件：

事件2：施工过程中，由于施工单位遗失工程某部位设计图纸，施工人员凭经验施工，现场监理员发现时，该部位的施工已经完毕。监理员报告了总监理工程师，总监理工程师到现场后，指令施工单位暂停施工，并报告建设单位。建设单位要求设计单位对该部位结构进行核算。经设计单位核算，该部位结构能够满足安全和使用功能的要求，设计单位电话告知建设单位，可以不作处理。

【问题】指出事件2中的不妥之处，写出正确做法。该部位结构是否可以验收？为什么？

【考点】工程参与各方的职责。

【参考答案】事件2中的不妥之处：

（1）不妥之处：施工人员不按图施工，而是凭经验施工；

正确做法：施工人员必须按图施工。

（2）不妥之处：监理员向监理工程师汇报；

正确做法：监理员应向专业监理工程师汇报。

（3）不妥之处：设计单位电话告知建设单位；

正确做法：设计单位应以书面形式告知建设单位。

该部位结构可以验收。理由：该部位结构能够满足安全和使用功能的要求。

【案例2—20130204】

【背景资料】某工程，建设单位与施工总包单位按《建设工程施工合同（示范文本）》签订了施工合同。工程实施过程中发生如下事件：

事件4：工程保修期内，建设单位为使用方便，直接委托甲装饰分包单位对地下室进行了重新装修，在没有设计图纸的情况下，应建设单位要求，甲装饰分包单位在地下室承重结构墙上开设了两个1800mm×2000mm的门洞，造成一层楼面有多处裂缝，且地下室有严重渗水。

【问题】对于事件4中发生的质量问题，建设单位、监理单位、施工总包单位和甲装饰分包单位是否应承担责任？分别说明理由。

【考点】《建设工程质量管理条例》中有关工程参与各方的质量责任和义务。

【参考答案】对于事件4中发生的质量问题，建设单位应承担责任。

理由：建设单位不得要求甲装饰分包单位在没有施工图设计文件的情况下进行施工；建设单位不得擅自要求甲装饰分包单位变动房屋承重结构。

对于事件4中发生的质量问题，监理单位应承担责任。理由：在工程保修期内，监理单位应该阻止建设单位和甲装饰分包单位的错误行为。

对于事件4中发生的质量问题，施工总包单位不应承担责任。理由：建设单位直接委托甲装饰分包单位的行为属于新合同，与原施工总包单位没有关系。

对于事件4中发生的质量问题，甲装饰分包单位应承担责任。理由：甲装饰分包单位必须按照工程设计图纸和施工技术标准施工。

【案例3—20060205】

【背景资料】某工程，建设单位委托监理单位承担施工阶段的监理任务，总承包单位按照施工合同约定选择了设备安装分包单位。在合同履行过程中发生如下事件：

事件3：专业监理工程师在现场巡视时，发现设备安装分包单位违章作业，有可能导致发生重大质量事故。总监理工程师口头要求总承包单位暂停分包单位施工，但总承包单位未予执行。总监理工程师随即向总承包单位下达了《工程暂停令》，总承包单位在向设备安装分包单位转发《工程暂停令》前，发生了设备安装质量事故。

【问题】就事件3中所发生的质量事故，指出建设单位、监理单位、总承包单位和设备安装分包单位各自应承担的责任，说明理由。

【考点】工程参与各方的质量责任。

【参考答案】就事件3中所发生的质量事故，建设单位、监理单位、总承包单位和设备安装分包单位责任划分及理由是：

（1）建设单位没有责任。理由：因质量事故是由于分包单位违章作业造成的。

（2）监理单位没有责任。理由：因质量事故是由于分包单位违章作业造成的，且监理单位已按规定履行了职责。

（3）总承包单位承担连带责任。理由：工程分包不能解除总承包单位的任何质量责任和义务，总承包单位没有对分包单位的施工实施有效的监督管理。

（4）分包单位应承担主要责任。理由：因质量事故是由于其违章作业直接造成的。

【案例4—20060304】

【背景资料】某工程在实施过程中发生如下事件：

事件4：施工中，由建设单位负责采购的设备在没有通知施工单位共同清点的情况下就存放在施工现场。施工单位安装时发现该设备的部分部件损坏，对此，建设单位要求施工单位承担损坏赔偿责任。

【问题】指出事件4中建设单位做法的不妥之处，说明理由。

【考点】建设单位负责采购的材料设备的责任划分。

【参考答案】事件4中建设单位做法的不妥之处：

（1）由建设单位采购的设备没有通知施工单位共同清点就存放在施工现场不妥；理由：建设单位应以书面形式通知施工单位派人与其共同清点移交。

（2）建设单位要求施工单位承担设备部分部件损坏的责任不妥；理由：建设单位未通知施工单位清点，施工单位不负责设备的保管，设备丢失损坏由建设单位负责。

二、勘察、设计单位的质量责任和义务

【案例5—20020402】

【背景资料】某实施监理的桥梁工程，其基础为钻孔桩。该工程的施工任务由甲公司总承包，其中桩基础施工分包给乙公司，建设单位委托丙公司监理，丙公司任命的总监理工程师具有多年桥梁设计工作经验。

施工前甲公司复核了该工程的原始基准点，基准线和测量控制点，并经专业监理工程师审核批准。

该桥1号桥墩桩基础施工完毕后，设计单位发现：整体桩位（桩的中心线）沿桥梁中线偏移，偏移量超出规范允许的误差。经检查发现，造成桩位偏移的原因是桩位施工图尺寸与总平面图尺寸不一致。因此，甲公司向项目监理机构报送了处理方案，要点如下：

（1）补桩；

（2）承台的结构钢筋适当调整，外形尺寸做部分改动。

总监理工程师根据自己多年的桥梁设计工作经验，认为甲公司的处理方案可行，因此予以批准。乙公司随即提出索赔意向通知，并在补桩施工完成后第5天向项目监理机构提交了索赔报告如下：

（1）要求赔偿整改期间机械、人员的窝工损失；

（2）增加的补桩应予以计量、支付。

【问题】专业监理工程师在桩位偏移这一质量问题中是否有责任？说明理由。

【考点】设计单位质量责任。

【参考答案】专业监理工程师在批准偏移这一质量问题中没有责任。

理由：因为施工图尺寸与总平面图尺寸不一致，是设计的错误，责任在设计单位。

三、施工单位的质量责任和义务

【案例6—20190201】

【背景资料】某工程，施工单位通过招标将桩基及土方开挖工程发包给某专业分包单位，并与预拌混凝土供应商签订了采购合同。实施过程中发生如下事件：

事件1：桩基验收时，项目监理机构发现部分桩的混凝土强度未达到设计要求，经查是由于预拌混凝土质量存在问题所致。在确定桩基处理方案后，专业分包单位提出因预拌混凝土由施工单位采购，要求施工单位承担相应桩基处理费用。施工单位提出因建设单位也参与了预拌混凝土供应商考察，要求建设单位共同承担相应桩基处理费用。

【问题】针对事件1，分别指出专业分包单位和施工单位提出的要求是否妥当，并说明理由。

【考点】施工单位的质量责任和义务。

【参考答案】事件1中专业分包单位和施工单位提出的要求是否妥当及理由：

（1）专业分包单位提出的要求妥当。

理由：预拌混凝土是由施工单位采购的，因此施工单位应对其质量负责。

（2）施工单位提出的要求不妥当。

理由：建设单位不是预拌混凝土供货合同的签订方。

四、工程监理单位的质量责任和义务

【案例7】

【背景资料】某工程，建设单位与总承包单位按《建设工程施工合同（示范文本）》签订了施工合同，甲监理单位承担了该施工合同的监理任务。在监理过程中，甲监理单位由于人员紧张，把部分任务转让给乙监理单位。施工单位的一批钢筋准备在工程上使用时，由于监理工程师未在现场，施工单位人员电话通知监理工程师准备使用钢筋，监理工程师回复：等回到施工现场再补签字。

【问题】以上存在哪些不妥之处？并改正。

【考点】工程监理单位的质量责任和义务。

【参考答案】存在的不妥之处：

（1）不妥之处：甲监理单位把部分任务转让给乙监理单位。

正确做法：不得转让监理任务。

（2）不妥之处：监理工程师等回到施工现场再补签字。

正确做法：未经监理工程师签字的材料不得在工程上使用。

五、工程质量检测单位的质量责任和义务

【案例8】

【背景资料】某工程，工程质量检测单位在某项检测完成后，出具了检测报告，该检测报告经检测人员、监理工程师签字后生效，经设计单位确认后，由监理单位归档。

【问题】指出以上的不妥之处，并改正。

【考点】工程质量检测单位的质量责任和义务。

【参考答案】以上的不妥之处：

（1）不妥之处：检测报告经检测人员、监理工程师签字后生效。

正确做法：检测报告经检测人员签字、检测机构法定代表人或者其授权的签字人签署，并加盖检测机构公章或者检测专用章后方可生效。

（2）不妥之处：检测报告经设计单位确认。

正确做法：检测报告应经建设单位或者工程监理单位确认。

（3）不妥之处：检测报告由监理单位归档。

正确做法：检测报告应由施工单位归档。

第二节　施工阶段质量控制

一、工程施工质量控制的依据和工作程序

【案例1】

【背景资料】某工程，在工程开始前，施工单位向项目监理机构报送了工程开工报审表及相关资料。专业监理工程师审查合格后，由总监理工程师签署了审核意见，并报建设单位批准后，总监理工程师签发开工令。

【问题】专业监理工程师重点审查哪些内容？

【考点】工程施工质量控制的工作程序。

【参考答案】专业监理工程师重点审查施工单位的施工组织设计是否已由总监理工程师签认，是否已建立相应的现场质量、安全生产管理体系，管理及施工人员是否已到位，主要施工机械是否已具备使用条件，主要工程材料是否已落实到位。设计交底

和图纸会审是否已完成；进场道路及水、电、通信等是否已满足开工要求。

二、工程施工准备阶段的质量控制

【案例2—20070204】

【背景资料】政府投资的某工程，某监理单位承担了该工程施工招标代理和施工监理任务，该工程采用无标底公开招标方式选定施工单位。工程实施中发生了下列事件。

事件4：开工前，设计单位组织召开了设计交底会。会议结束后，总监理工程师整理了一份《设计修改建议书》，提交给设计单位。

【问题】指出事件4中设计单位和总监理工程师做法的不妥之处，写出正确做法。

【考点】设计单位和总监理工程师职责。

【参考答案】事件4中设计单位和总监理工程师做法的不妥之处：

（1）不妥之处：设计单位组织召开设计交底会。

正确做法：由建设单位组织。

（2）不妥之处：总监理工程师直接向设计单位提交《设计修改建议书》。

正确做法：应提交给建设单位，由建设单位交给设计单位。

【案例3—20090301】

【背景资料】某实行监理的工程，建设单位与总承包单位按《建设工程施工合同（示范文本）》签订了施工合同，总承包单位按合同约定将一专业工程分包。

施工过程中发生下列事件：

事件1：工程开工前，总监理工程师在熟悉设计文件时发现部分设计图纸有误，即向建设单位进行了口头汇报。建设单位要求总监理工程师组织召开设计交底会，并向设计单位指出设计图纸中的错误，在会后整理会议纪要。

【问题】分别指出事件1中建设单位、总监理工程师的不妥之处，写出正确做法。

【考点】设计交底会议。

【参考答案】事件1中建设单位的不妥之处：

（1）不妥之处：建设单位要求总监理工程师组织召开设计交底会。

正确做法：由建设单位组织设计交底会。

（2）不妥之处：建设单位要求总监理工程师向设计单位提出设计图纸中的错误，在会后整理会议纪要，会议纪要由设计单位整理。

正确做法：总监理工程师对设计图纸中存在的问题通过建设单位向设计单位提出书面意见和建议。

事件1中总监理工程师的不妥之处：

不妥之处：总监理工程师对发现的设计图纸的错误口头向建设单位汇报。

正确做法：应以书面形式向建设单位汇报。

【案例4—20040501】

【背景资料】某实施监理的工程项目，监理工程师对施工单位报送的施工组织设计审核时发现两个问题：一是施工单位为方便施工，将设备管道竖井的位置作了移位处理；二是工程的有关试验主要安排在施工单位试验室进行。总监理工程师分析后认为，管道竖井移位方案不会影响工程使用功能和结构安全，因此，签认了该施工组织设计报审表并送达建设单位。

【问题】总监理工程师应如何组织审批施工组织设计？总监理工程师对施工单位报送的施工组织设计内容的审批处理是否妥当？说明理由。

【考点】施工组织设计的程序。

【参考答案】总监理工程师组织审批施工组织设计的程序：总监理工程师应在约定的时间内，组织专业监理工程师审查，提出意见后，由总监理工程师审核签认。需要承包单位修改时，由总监理工程师签发书面意见，退回承包单位修改后再报审，总监理工程师重新审查。

总监理工程师对施工单位报送的施工组织设计内容的审批处理，第一个问题的处理是不正确的，因总监理工程师无权改变设计。第二个问题的处理妥当，属于施工组织设计审查应处理的问题。

【案例5】

【背景资料】某工程，施工单位的项目技术负责人组织编制了施工方案，经施工单位项目经理审批签字后提交项目监理机构。专业监理工程师组织审查了施工单位报审的施工方案，经审查符合要求，专业监理工程师予以签认。

【问题】指出以上做法的不妥之处并写出正确做法。施工方案审查应包括的基本内容有哪些？

【考点】施工方案审查。

【参考答案】以上做法的不妥之处与正确做法：

（1）不妥之处：施工方案施工单位项目经理审批签字后提交项目监理机构。

正确做法：应该由施工单位的项目技术负责人审批签字后提交项目监理机构。

（2）不妥之处：专业监理工程师组织审查了施工单位报审的施工方案。

正确做法：应该由总监理工程师组织专业监理工程师审查施工单位报审的施工方案。

（3）不妥之处：专业监理工程师签认施工方案。

正确做法：应该由总监理工程师签认施工方案。

施工方案审查应包括的基本内容：编审程序应符合相关规定；工程质量保证措施应符合有关标准。

【案例6—20080401】

【背景资料】某工程，建设单位委托监理单位实施施工阶段监理，按照施工总承包合同约定，建设单位负责空调设备和部分工程材料的采购，施工总承包单位选择桩基施工和设备安装两家分包单位。

在施工过程中，发生如下事件：

事件1：在桩基施工时，专业监理工程师发现桩基施工单位与原申报批准的桩基施工分包单位不一致。经调查，施工总承包单位为保证施工进度，擅自增加了一家桩基施工分包单位。

【问题】写出项目监理机构对事件1的处理程序。

【考点】分包单位资质的审核确认。

【参考答案】项目监理机构对事件1的处理程序：首先指令施工总承包单位要求增加的桩基施工分包单位暂停施工，并要求施工总承包单位报送分包单位资格报审表和分包单位有关资质资料，专业监理工程师应审查总承包单位报送的分包单位资格报审表和分包单位有关资质资料，符合要求后，由总监理工程师审批并签署意见。

【案例7—20060301】

【背景资料】某工程在实施过程中发生如下事件：

事件2：在未向项目监理机构报告的情况下，施工单位按照投标书中打桩工程及防水工程的分包计划，安排了打桩工程施工分包单位进场施工，项目监理机构对此做了相应处理后书面报告了建设单位。建设单位以打桩施工分包单位资质未经其认可就进场施工为由，不再允许施工单位将防水工程分包。

【问题】事件2中建设单位做法的不妥之处，说明理由。

【考点】分包单位资格审核规定。

【参考答案】事件2中建设单位做法的不妥之处和理由：

1）建设单位认为需经其认可分包单位资质不妥；理由：分包单位的资质应由项目监理机构审查签认。

2）提出不再允许施工单位将防水工程分包的要求不妥；理由：违反施工合同约定。

【案例8—20070101】

【背景资料】某城市建设项目建设单位委托监理单位承担施工阶段的监理任务，并通过公开招标选定甲施工单位作为施工总承包单位，工程实施中发生了下列事件：

事件1：桩基工程开始后，专业监理工程师发现甲施工单位未经建设单位同意将桩基工程分包给乙施工单位，为此，项目监理机构要暂停桩基施工。征得建设单位同意分包后，甲施工单位将乙施工单位的相关材料报项目监理机构审查，经审查，乙施工单位的资质条件符合要求可进行桩基施工。

【问题】事件1中，项目监理机构对乙施工单位资格审查的程序和内容是什么？

【考点】分包单位资格审查程序和内容。

【参考答案】（1）事件1中，项目监理机构对乙施工单位资格审查的程序：专业监理工程师审查甲施工单位报送的乙施工分包单位资格报审表和分包单位有关资质资料，符合有关规定后，由总监理工程师予以签认。

（2）事件1中，项目监理机构对乙施工单位的资格应审核以下内容：

①营业执照、企业资质证书；

②类似工程业绩；

③安全生产许可文件；

④专职管理人员和特种作业人员的资格。

【案例 9—20090302】

【背景资料】某实行监理的工程，建设单位与总承包单位按《建设工程施工合同（示范文本）》签订了施工合同，总承包单位按合同约定将一专业工程分包。

施工过程中发生下列事件：

事件 1：在工程定位放线期间，总监理工程师指派专业监理工程师审查《分包单位资格报审表》及相关资料，安排监理员到现场复验总承包单位报送的原始基准点、基准线和测量控制点。

【问题】指出事件 1 中总监理工程师的不妥之处，写出正确做法。专业监理工程师在审查分包单位的资格时，应审查哪些内容？

【考点】专业监理工程师审核分包单位资格。

【参考答案】事件 1 中总监理工程师的不妥之处：

（1）不妥之处：在工程定位放线期间指派专业监理工程师审查《分包单位资质报审表》及相关资料。

正确做法：应在分包工程开工前进行审查。

（2）不妥之处：安排监理员复验原始基准点、基准线和测量控制点。

正确做法：应安排专业监理工程师复验。

专业监理工程师在审查分包单位的资格时，应审查的内容包括：

（1）分包单位的营业执照、企业资质等级证书；

（2）分包单位的类似工程业绩；

（3）安全生产许可文件；

（4）专职管理人员和特种作业人员的资格证、上岗证。

【案例 10—20110401】

【背景资料】某实施监理的工程，施工单位按合同约定将打桩工程分包。施工过程中发生如下事件：

事件 1：打桩工程开工前，分包单位向专业监理工程师报送了《分包单位资格报审表》及相关资料。专业监理工程师仅审查了营业执照、企业资质等级证书，认为符合条件后即通知施工单位同意分包单位进场施工。

【问题】指出事件 1 中专业监理工程师的做法有哪些不妥，说明理由。

【考点】对项目监理机构进行分包单位资格和能力审查有关规定。

【参考答案】事件 1 中专业监理工程师做法的不妥之处以及理由：

（1）不妥之处：打桩工程开工前，分包单位向专业监理工程师报送了《分包单位资格报审表》及相关资料。

理由：按照总分包的合同管理关系，分包单位的《分包单位资格报审表》及相关资料应通过施工单位报送。

（2）不妥之处：专业监理工程师仅审查了营业执照、企业资质等级证书后，认为符合条件。

理由：专业监理工程师审查的内容不全面，还应审查业绩、安全生产许可文件、专职管理人员和特种作业人员的资格。

（3）不妥之处：专业监理工程师认为符合条件后即通知施工单位同意分包单位进场施工。

理由：专业监理工程师对分包单位的资格材料进行完整的审查后，还应由总监理工程师认可，由总监理工程师签发同意分包单位进场的通知。

【案例 11—20130102】

【背景资料】某工程，实施过程中发生如下事件：

事件 2：施工单位向项目监理机构提交了分包单位资格报审材料，包括：营业执照、特殊行业施工许可证、分包单位业绩及拟分包工程的内容和范围。项目监理机构审核时发现，分包单位资格报审材料不全，要求施工单位补充提交相应材料。

【问题】事件 2 中，施工单位还应补充提交哪些材料？

【考点】《建设工程监理规范》中有关对分包单位资格的审查。

【参考答案】事件 2 中，施工单位还应补充提交的材料：

（1）企业资质等级证书；

（2）专职管理人员和特种作业人员的资格。

【案例 12—20050103】

【背景资料】某工程，施工总承包单位依据施工合同约定，与甲安装单位签订了安装分包合同。基础工程完成后，由于项目用途发生变化，建设单位要求设计单位编制设计变更文件，并授权项目监理机构就设计变更引起的有关问题与总承包单位进行协商。

项目监理机构认为甲安装分包单位不能胜任变更后的安装工程，要求更换安装分包单位。总承包单位认为项目监理机构无权提出该要求，但仍表示愿意接受，随即提出由乙安装单位分包。

【问题】总承包单位认为项目监理机构无权提出更换甲安装分包单位的意见是否正确？为什么？写出项目监理机构对乙安装单位分包资格的审批程序。

【考点】《建设工程监理规范》中有关对分包单位资格的审查。

【参考答案】总承包单位认为项目监理机构无权提出更换甲安装分包单位的意见不正确；

理由：依据有关规定，项目监理机构对工程分包单位有认可权。

项目监理机构对乙安装单位分包资格的审批程序：项目监理机构（或专业监理工程师）审查总承包单位报送的分包单位资格报审表和分包单位的有关资料；符合有关规定后，由总监理工程师予以签认。

【案例 13—20020205】

【背景资料】某监理公司中标承担某项目施工监理及设备采购监理工作，该项目由 A 设计单位设计总承包、B 施工单位施工总承包，其中幕墙工程的设计和施工任务分包给具有相应设计和施工资质的 C 公司，土方工程分包给 D 公司，主要设备由业主采购。

在工程的施工准备阶段，总监理工程师指令专业监理工程师审查施工分包单位的资格，分包单位为此报送了企业营业执照和资质等级证书两份资料。

【问题】专业监理工程师对分包单位进行资格审查时，分包单位还应提供什么资料？

【考点】《建设工程监理规范》中有关对分包单位资格的审查。

【参考答案】监理工程师对分包单位进行资质审查时，分包单位还应提供：

（1）分包单位的类似工程业绩；

（2）安全生产许可文件；

（3）专职管理人员和特种作业人员的资格。

【案例 14—20020403】

【背景资料】某实施监理的桥梁工程，其基础为钻孔桩。该工程的施工任务由甲公司总承包，其中桩基础施工分包给乙公司，建设单位委托丙公司监理，丙公司任命的总监理工程师具有多年桥梁设计工作经验。

施工前甲公司复核了该工程的原始基准点，基准线和测量控制点，并经专业监理工程师审核批准。

该桥 1 号桥墩桩基础施工完毕后，设计单位发现：整体桩位（桩的中心线）沿桥梁中线偏移，偏移量超出规范允许的误差。经检查发现，造成桩位偏移的原因是桩位施工图尺寸与总平面图尺寸不一致。因此，甲公司向项目监理机构报送了处理方案，要点如下：

（1）补桩；

（2）承台的结构钢筋适当调整，外形尺寸做部分改动。

总监理工程师根据自己多年的桥梁设计工作经验，认为甲公司的处理方案可行，因此予以批准。乙公司随即提出索赔意向通知，并在补桩施工完成后第 5 天向项目监理机构提交了索赔报告如下：

（1）要求赔偿整改期间机械、人员的窝工损失；

（2）增加的补桩应予以计量、支付。

理由为如下：

（1）甲公司负责桩位测量放线，乙公司按给定的桩位负责施工，桩体没有质量问题；

（2）桩位施工放线成果已由现场监理工程师签认。

【问题】写出施工前专业监理工程师对 A 公司报送的施工测量成果检查、复核什么内容。

【考点】专业监理工程师对报送的施工测量成果检查、复核。

【参考答案】施工过程中测量放线质量控制要点是：

（1）监理工程师应要求施工单位对建设单位给定的原始基准点、基准线和标高等测量控制点进行复核。

（2）监理工程师审核施工单位复测结果，经批准后施工单位可放线施工。

（3）施工单位依据复测基准、建立施工测量控制网，并对其正确性负责。

（4）监理工程师复测施工测量控制网。

【案例 15—20070205】

【背景资料】政府投资的某工程，某监理单位承担了该工程施工招标代理和施工监理任务，该工程采用无标底公开招标方式选定施工单位。工程实施中发生了下列事件：

事件 5：施工开始前，G 单位向专业监理工程师报送了《施工测量放线报验表》，并附有测量放线控制成果及保护措施。专业监理工程师复核了控制桩的校核成果和保护措施后，即予以签认。

【问题】事件 5 中，专业监理工程师还应检查、复检哪些内容？

【考点】测量成果报验程序。

【参考答案】事件 5 中，专业监理工程师还应检查、复检以下内容：

（1）检查施工单位专职测量人员的岗位证书及测量设备检定证书；

（2）复核（平面和高程）控制网和临时水准点的测量成果。

【案例 16—20040501】

【背景资料】某实施监理的工程项目，总监理工程师指示专业监理工程师对施工单位试验室资质等级及其试验范围等进行考核。

【问题】专业监理工程师对施工单位试验室除考核资质等级及其试验范围外，还应考核哪些内容？

【考点】施工测量及计量器具性能、精度的控制的内容。

【参考答案】专业监理工程师对施工单位试验室除考核资质等级及其试验范围外，还应从以下方面对承包单位的试验室进行考核：

（1）法定计量部门对试验设备出具的计量检定证明；

（2）试验室的管理制度；

（3）试验人员的资格证书。

【案例 17—20100403】

【背景资料】某实施监理的工程，建设单位分别与甲、乙施工单位签订了土建工程施工合同和设备安装工程施工合同，与丙单位签订了设备采购合同。工程实施过程中发生下列事件：

事件 3：项目监理机构检查甲施工单位的某分项工程质量时，发现试验检测数据异常，便再次对甲施工单位试验室的资质等级及其试验范围、本工程试验项目及要求等内容进行了全面考核。

【问题】事件 3 中，项目监理机构还应从哪些方面考核甲施工单位的试验室？

【考点】施工单位试验室检查内容。

【参考答案】事件3中，项目监理机构还应从以下方面考核甲施工单位的试验室：

（1）法定计量部门对试验设备出具的计量检定证明；

（2）试验室的管理制度；

（3）试验人员的资格证书。

【案例18—20170304】

【背景资料】某工程，实施过程中发生如下事件：

事件4：施工过程中，建设单位采购的一批材料运抵现场，施工单位组织清点和检验并向项目监理机构报送材料合格证后即开始用于工程。项目监理机构随即发出《监理通知单》，要求施工单位停止该批材料的使用，并补报质量证明文件。

【问题】针对事件4，施工单位还应补报哪些质量证书文件？

【考点】工程的材料、构配件、设备的质量证明文件。

【参考答案】施工单位还应补报的质量证明文件包括：质量检验报告、性能检测报告以及施工单位的质量抽检报告等。

【案例19—20140302】

【背景资料】某工程，实施过程中发生如下事件：

事件2：建设单位采购的一批材料进场后，施工单位未向项目监理机构报验即准备用于工程，项目监理机构发现后立即给予制止并要求报验。检验结果表明这批材料质量不合格。施工单位要求建设单位支付该批材料检验费用，建设单位拒绝支付。

【问题】分别指出事件2中施工单位和建设单位做法的不妥之处，并说明理由。项目监理机构应如何处置这批材料？

【考点】进场材料的检验程序及检验费用的承担。

【参考答案】事件2中：

（1）施工单位不妥之处：未报验建设单位采购的进场材料即开始使用。

理由：建设单位供应的材料使用前，由施工单位负责检验。

（2）建设单位不妥之处：拒绝支付材料检验费用。

理由：检验费用由建设单位承担。

（3）项目监理机构的处置：应要求将这批材料撤出施工现场。

【案例20—20140102】

【背景资料】某工程，实施过程中发生如下事件：

事件2：专业监理工程师在审查施工单位报送的工程开工报审表及相关资料时认为：现场质量、安全生产管理体系已建立，管理及施工人员已到位，进场道路及水、电、通信满足开工要求，但其他开工条件尚不具备。

【问题】指出事件2中工程开工还应具备哪些条件。

【考点】项目监理机构批准工程开工应具备的条件。

【参考答案】事件2中，工程开工还应具备的条件：设计交底和图纸会审已完成；施工组织设计已由总监理工程师签认；施工机械具备使用条件；主要工程材料已落实。

【案例 21—20060301】

【背景资料】某工程在实施过程中发生如下事件：

事件1：由于工程施工工期紧迫，建设单位在未领取施工许可证的情况下，要求项目监理机构签发施工单位报送的《工程开工报审表》。

【问题】指出事件1中建设单位做法的不妥之处，说明理由。

【考点】建筑工程施工许可证规定。

【参考答案】事件1建设单位做法的不妥之处和理由：

事件1中，建设单位做法的不妥之处：建设单位未领取施工许可证就要求签发《工程开工报审表》；

理由：依据有关法规和规范，必须在办理好施工许可证的条件下才能要求签发《工程开工报审表》。

三、工程施工过程的质量控制

【案例 22—20180303】

【背景资料】某工程，实施过程中发生如下事件：

事件3：项目监理机构在巡视中发现，施工单位正在加工的一批钢筋未经报验，随即签发了工程暂停令，要求施工单位暂停钢筋加工、办理见证取样检测及完善报验手续。施工单位质检员对该批钢筋取样后将样品送至项目监理机构，项目监理机构确认样品后要求施工单位将试样送检测单位检验。

【问题】分别指出事件3中施工单位和项目监理机构做法的不妥之处，写出正确做法。

【考点】见证取样。

【参考答案】（1）事件3中施工单位做法的不妥之处及正确做法：

①不妥之处一：施工单位的钢筋未经报验，即开始加工。

正确做法：施工单位应将该批钢筋的质量证明文件报送给监理机构。

②不妥之处二：施工单位质检员对该批钢筋取样。

正确做法：施工单位在对进场材料、试块、试件、钢筋接头等实施见证取样前要通知负责见证取样的专业监理工程师，在该专业监理工程师现场监督下，施工单位按相关规范的要求，完成材料、试块、试件等的取样过程。

③不妥之处三：施工单位质检员将样品送至项目监理机构。

正确做法：完成取样后，施工单位取样人员应在试样或其包装上作出标识、封志。标识和封志应标明工程名称、取样部位、取样日期、样品名称和样品数量等信息，并由见证取样的专业监理工程师和施工单位取样人员签字。如钢筋样品、钢筋接头，则贴上专用加封标志，然后施工单位送往试验室。

（2）事件3中监理单位做法的不妥之处及正确做法：

①不妥之处一：专业监理工程师发现施工单位一批钢筋未经报验，随即签发了工

程暂停令。

正确做法：钢筋未经报验不属于签发工程暂停令的范围，专业监理工程师应当签发监理通知单，要求施工单位办理见证取样检测及完善报验手续，将该批钢筋的质量证明文件报送给监理机构。

②不妥之处二：项目监理机构确认样品后要求施工单位将试样送检测单位检验。

正确做法：见证取样的专业监理工程师应根据见证取样实施细则要求、按程序实施见证取样工作，包括：在现场进行见证，监督施工单位取样人员按随机取样方法和试件制作方法进行取样；对试样进行监护、封样加锁；在检验委托单签字，并出示"见证员证书"；协助建立包括见证取样送检计划、台账等在内的见证取样档案等。因此，专业监理工程师现场监督取样过程，完成取样后，施工单位取样人员应在试样或其包装上作出标识、封志，然后送往试验室。

【案例 23—20210303】

【背景资料】某工程，实施过程中发生如下事件：

事件 3：施工过程中，施工单位对现场拟用承重结构的钢筋完成取样后，报项目监理机构确认，监理人员确认后，通知施工单位报送检测机构。

【问题】指出事件 3 中的不妥之处，写出正确做法。

【考点】见证取样。

【参考答案】事件 3 中的不妥之处与正确做法：

（1）不妥之处：施工单位对现场拟用承重结构的钢筋自行取样。

正确做法：应该在监理人员现场监督下完成取样过程。

（2）不妥之处：监理人员确认后，通知施工单位报送检测机构。

正确做法：由见证取样的监理人员和施工单位取样人员签字后报送检测机构。

【案例 24—20050202】

【背景资料】某工程，建设单位将土建工程、安装工程分别发包给甲、乙两家施工单位。在合同履行过程中发生了如下事件：

事件 2：开工前，专业监理工程师复核甲施工单位报验的测量成果时，发现对测量控制点的保护措施不当，造成建立的施工测量控制网失效，随即向甲施工单位发出了《监理通知单》。

【问题】事件 2 中专业监理工程师的做法是否妥当？《监理通知单》中对甲施工单位的要求应包括哪些内容？

【考点】施工准备阶段监理工作内容。

【参考答案】事件 2 中专业监理工程师的做法妥当。

《监理通知单》中对甲施工单位的要求应包括：重新建立施工测量控制网；改进保护措施。

【案例 25—20040505】

【背景资料】某实施监理的工程项目，项目监理过程中有如下事件：

事件3：设备调试时，总监理工程师发现施工单位未按技术规程要求进行调试，存在较大的质量和安全隐患，立即签发了工程暂停令，并要求施工单位整改。施工单位用了2d时间整改后被指令复工。对此次停工，施工单位向总监理工程师提交了费用索赔和工程延期的申请，强调设备调试为关键工作，停工2d导致窝工，建设单位应给予工期顺延和费用补偿，理由是虽然施工单位未按技术规程调试但并未出现质量和安全事故，停工2d是监理单位要求的。

【问题】在事件3中，总监理工程师的做法是否妥当？施工单位的费用索赔和工程延期要求是否应该被批准？说明理由。

【考点】工程暂停。

【参考答案】在事件3中，总监理工程师的做法是正确的。施工单位的费用索赔和工程延期要求不应该被批准，因为暂停施工的原因是施工单位未按技术规程要求操作，属施工单位的原因。

【案例26—20050203】

【背景资料】某工程，建设单位将土建工程、安装工程分别发包给甲、乙两家施工单位。在合同履行过程中发生了如下事件：

事件3：专业监理工程师在检查甲施工单位投入的施工机械设备时，发现数量偏少，即向甲施工单位发出了《监理通知单》要求整改；在巡视时发现乙施工单位已安装的管道存在严重质量隐患，即向乙施工单位签发了《工程暂停令》，要求对该分部工程停工整改。

【问题】指出事件3中专业监理工程师的做法是否妥当。不妥之处，说明理由并写出正确做法。

【考点】专业监理工程师施工质量控制职责。

【参考答案】事件3中专业监理工程师做法是否妥当的判断：

（1）发出《监理通知单》妥当。

（2）不妥之处：签发《工程暂停令》；理由：专业监理工程师无权签发《工程暂停令》（或只有总监理工程师才有权签发《工程暂停令》）。

正确做法：专业监理工程师向总监理工程师报告，总监理工程师在征得建设单位同意后发出《工程暂停令》。

【案例27—20180304】

【背景资料】某工程，实施过程中发生如下事件：

事件4：在质量验收时，专业监理工程师发现某设备基础的预埋件位置偏差过大，即向施工单位签发了监理通知单要求整改。施工单位整改完成后电话通知项目监理机构进行检查，监理员检查确认整改合格后，即同意施工单位进行下道工序施工。

【问题】分别指出事件4中施工单位和监理员做法的不妥之处，写出正确做法。

【考点】监理通知单、工程暂停令的签发。

【参考答案】（1）事件4中施工单位的不妥之处：施工单位整改完成后电话通知项

目监理机构进行检查。

正确做法：设备基础预埋件偏差过大属于未按审查通过的工程设计文件施工的情况，应该下发工程暂停令，施工单位整改完成后，应向项目监理机构提交工程复工报审表。

（2）事件4中监理员不妥之处及正确做法：

①不妥之处一：专业监理工程师即向施工单位签发了监理通知单要求整改。

正确做法：设备基础预埋件偏差过大属于未按审查通过的工程设计文件施工的情况，应该下发工程暂停令，由总监理工程师签发。

②不妥之处二：监理员检查确认。

正确做法：应该是专业监理工程师检查确认隐蔽工程验收。

③不妥之处三：监理员同意施工单位进行下道工序施工。

正确做法：对需要返工处理或加固补强的质量缺陷，项目监理机构应要求施工单位报送经设计等相关单位认可的处理方案，并应对质量缺陷的处理过程进行跟踪检查，同时应对处理结果进行验收。

【案例28—20180402】

【背景资料】某工程的桩基工程和内装饰工程属于依法必须招标的暂估价分包工程，施工合同约定由施工单位负责招标。施工单位通过招标选择了A单位分包桩基工程施工。工程实施过程中发生如下事件：

事件2：项目监理机构在巡视时发现，有A、B两家桩基工程施工单位在现场施工，经调查核实，为了保证施工进度，A单位安排B单位进场施工，且A、B两单位之间签了承包合同，承包合同中明确主楼区域外的桩基工程由B单位负责施工。

【问题】事件2中，写出项目监理机构对该事件的处理程序。

【考点】签发工程暂停令。

【参考答案】项目监理机构对该事件的处理程序：

（1）由总监理工程师向施工单位签发工程暂停令，责令B单位退场，并要求施工单位对B单位已施工部分的质量进行检查验收。

（2）若检查验收合格，则由施工单位向项目监理机构提交工程复工报审表；总监理工程师组织检验、验收，如符合要求，总监理工程师及时签署审批意见，并报建设单位批准后，总监理工程师签发工程复工令。若检查验收不合格，则指令A单位返工处理。

【案例29—20190204】

【背景资料】某工程，施工单位通过招标将桩基及土方开挖工程发包给某专业分包单位，并与预拌混凝土供应商签订了采购合同。实施过程中发生如下事件：

事件3：在土方开挖过程中遇到地下障碍物，专业分包单位对深基坑土方开挖专项施工方案做了重大调整后继续施工。总监理工程师发现后，立即向专业分包单位签发了《工程暂停令》。因专业分包单位拒不停止施工，总监理工程师报告了建设单位，建设单位以工期紧为由要求总监理工程师撤回《工程暂停令》。为此，总监理工程师向有关主管部门报告了相关情况。

【问题】针对事件 3，分别指出专业分包单位、总监理工程师、建设单位的做法有什么不妥，并写出正确做法。

【考点】工程暂停令的签发。

【参考答案】事件 3 中的专业分包单位、总监理工程师、建设单位做法的不妥之处及正确做法：

（1）专业分包单位的不妥之处：在土方开挖过程中遇到地下障碍物，专业分包单位对深基坑土方开挖专项施工方案做了重大调整后继续施工。

正确做法：专业分包单位应将调整后的深基坑土方开挖专项施工方案按原程序重新报审，审批同意后方可施工。

（2）监理单位的不妥之处：总监理工程师发现后，立即向专业分包单位签发了《工程暂停令》。

正确做法：总监理工程师应向施工单位签发《工程暂停令》。

（3）建设单位的不妥之处：建设单位以工期紧为由要求总监理工程师撤回《工程暂停令》。

正确做法：建设单位应批准总监理工程师签发的《工程暂停令》。

【案例 30—20060302】

【背景资料】某工程在实施过程中发生如下事件：

事件 2：在未向项目监理机构报告的情况下，施工单位按照投标书中打桩工程及防水工程的分包计划，安排了打桩工程施工分包单位进场施工，项目监理机构对此做了相应处理后书面报告了建设单位。建设单位以打桩施工分包单位资质未经其认可就进场施工为由，不再允许施工单位将防水工程分包。

【问题】针对事件 2，项目监理机构应如何处理打桩工程施工分包单位进场存在的问题？

【考点】项目监理机构处理施工分包单位进场存在的问题的程序。

【参考答案】针对事件 2，项目监理机构处理打桩工程施工分包单位进场存在问题的程序如下：

（1）下达《工程暂停令》；

（2）对分包单位资质进行审查；

（3）如果分包单位资质合格，签发工程复工令；

（4）如果分包单位资质不合格，要求施工单位撤换分包单位。

【案例 31—20040504】

【背景资料】某实施监理的工程项目，项目监理过程中有如下事件：

事件 2：设备安装施工，要求安装人员有安装资格证书。专业监理工程师检查时发现施工单位安装人员与资格报审名单中的人员不完全相符，其中五名安装人员无安装资格证书，他们已参加并完成了该工程的一项设备安装工作。

【问题】监理单位应如何处理事件 2？

【考点】《建设工程质量控制》教材中有关施工现场劳动组织及作业人员上岗资格的控制的内容。

【参考答案】事件2，监理单位应按下列程序处理：

（1）监理工程师签发《工程暂停令》，并责令施工企业将5名无安装资格证书的安装人员撤出施工现场，并对已完成的设备安装工程进行检验。

（2）若检查验收合格，则由施工企业向项目监理机构提交工程复工报审表；总监理工程师组织检验、验收，符合要求总监理工程师及时签署审批意见，并报建设单位批准后，总监理工程师签发工程复工令。若检查验收不合格，则指令施工企业返工处理。

【案例32】

【背景资料】某工程，施工过程中，由于施工工艺方面的限制，施工单位准备工程变更。向监理单位提交了工程变更单，工程变更单写明工程变更的原因、工程变更的内容，并附必要的附件。项目监理机构收到工程变更单后按如下程序做了处理：

（1）专业监理工程师组织审查施工单位提出的工程变更申请，提出审查意见。

（2）专业监理工程师组织对工程变更费用及工期影响作出评估。

（3）总监理工程师组织建设单位、施工单位等共同协商确定工程变更费用及工期变化，会签工程变更单。

【问题】工程变更单的附件主要包括哪些内容？项目监理机构对工程变更的处理有哪些不妥？并写出正确做法。

【考点】工程变更的控制。

【参考答案】工程变更单的附件主要包括的内容：工程变更的依据、详细内容、图纸；对工程造价、工期的影响程度分析，以及对功能、安全影响的分析报告。

项目监理机构对工程变更处理的不妥之处与正确做法：

（1）不妥之处：专业监理工程师组织审查施工单位提出的工程变更申请，提出审查意见。

正确做法：总监理工程师组织专业监理工程师审查施工单位提出的工程变更申请，提出审查意见。

（2）不妥之处：专业监理工程师组织对工程变更费用及工期影响作出评估。

正确做法：总监理工程师组织专业监理工程师对工程变更费用及工期影响作出评估。

第三节　工程质量缺陷及事故处理

一、工程质量缺陷的处理

【案例1—20080404】

【背景资料】某工程，建设单位委托监理单位实施施工阶段监理，按照施工总承包合同约定，建设单位负责空调设备和部分工程材料的采购，施工总承包单位选择桩基施工和设备安装两家分包单位。

在施工过程中，发生如下事件：

事件4：在给水管道验收时，专业监理工程师发现部分管道渗漏。经查，是由于设备安装单位使用的密封材料存在质量缺陷所致。

【问题】写出专业监理工程师对事件4中质量缺陷的处理程序。

【考点】专业监理工程师对质量缺陷的处理程序。

【参考答案】专业监理工程师对事件4中质量缺陷的处理程序：向施工总承包单位签发《监理通知单》，由施工总承包单位落实设备安装分包单位整改。检查和督促整改过程，并验收整改结果，合格后予以签认。

【案例2—20060303】

【背景资料】某工程在实施过程中发生如下事件：

事件3：桩基工程施工中，在抽检材料试验未完成的情况下，施工单位已将该批材料用于工程，专业监理工程师发现后予以制止。其后完成的材料试验结果表明，该批材料不合格，经检验，使用该批材料的相应工程部位存在质量问题，需进行返修。

【问题】对事件3中的质量问题，项目监理机构应如何处理？

【考点】项目监理机构对施工单位使用不合格材料等造成质量问题的处理程序。

【参考答案】对事件3中的质量问题，项目监理机构的处理如下：

（1）签发《监理通知单》；

（2）责成施工单位进行质量问题调查；

（3）审核、分析质量问题调查报告，判断和确认质量问题产生的原因；

（4）审核签认质量问题处理方案；

（5）指令施工单位按既定的处理方案实施处理并进行跟踪检查；

（6）组织有关人员对处理的结果进行严格的检查、鉴定和验收，写出质量处理报告，报建设单位和监理单位存档。

【案例3—20130303】

【背景资料】某工程，实施过程中发生如下事件：

事件3：现浇钢筋混凝土构件拆模后，出现蜂窝、麻面等质量缺陷，总监理工程师立即向施工单位下达了《工程暂停令》，随后提出了质量缺陷的处理方案，要求施工单位整改。

【问题】事件3中，总监理工程师的做法有哪些不妥之处？写出正确做法。

【考点】《建设工程监理规范》中有关监理工程师在工程质量控制工作中的内容。

【参考答案】事件3中，总监理工程师做法的不妥之处与正确做法：

（1）不妥之处：出现质量缺陷后总监理工程师立即向施工单位下达了《工程暂停令》。

正确做法：出现质量缺陷后应由专业监理工程师签发《监理通知》。

（2）不妥之处：总监理工程师随后提出了质量缺陷的处理方案，要求施工单位整改。

正确做法：应该由专业监理工程师提出质量缺陷的处理方案，要求施工单位整改。

二、工程质量事故的处理

【案例 4—20170203】

【背景资料】某工程，参照定额工期确定的合理工期为 1 年，建设单位与施工单位按此签订施工合同，工程实施过程中发生如下事件：

事件 3：为使工程提前完工投入使用，建设单位要求施工单位提前 3 个月竣工。于是，施工单位在主体结构施工中未执行原施工方案，提前拆除混凝土结构模板。专业监理工程师为此发出《监理通知单》，要求施工单位整改。施工单位以工期紧、气温高和混凝土能达到拆模强度为由回复。专业监理工程师不再坚持整改要求，因气温骤降，导致施工单位在拆除第五层结构模板时混凝土强度不足，发生了结构坍塌安全事故，造成 2 人死亡、9 人重伤和 1100 万元的直接经济损失。

【问题】针对事件 3，分别从死亡人数、重伤人数和直接经济损失三方面分析事故等级，综合判断该事故的最终等级。

【考点】工程质量事故等级的划分。

【参考答案】事件 3 中，2 人死亡属于一般事故；9 人重伤属于一般事故；1100 万元的直接经济损失属于较大事故。因此该事故的最终等级为较大事故。

【案例 5—20150304】

【背景资料】某工程，施工过程中发生如下事件：

事件 3：在脚手架拆除过程中，发生坍塌事故，造成施工人员 3 人死亡、5 人重伤、7 人轻伤。事故发生后，总监理程师立即签发工程暂停令，并在 2h 后向监理单位负责人报告了事故情况。

【问题】按照《生产安全事故报告和调查处理条例》，确定事件 3 中的事故等级。指出总监理工程师做法的不妥之处，写出正确做法。

【考点】生产安全事故等级及事故报告时间要求。

【参考答案】（1）坍塌事故造成施工人员 3 人死亡、5 人重伤、7 人轻伤，因此按照《生产安全事故报告和调查处理条例》，事件 3 中的事故等级属于较大事故。

（2）总监理工程师做法的不妥之处：事故发生后，总监理程师立即签发工程暂停令，并在 2h 后向监理单位负责人报告了事故情况。

正确做法：应在事故发生后立即向监理单位负责人报告。

【案例 6—20070305】

【背景资料】某工程，建设单位通过公开招标与甲施工单位签订施工总承包合同，依据合同，甲施工单位通过招标将钢结构工程分包给乙施工单位，施工过程中发生了下列事件：

事件 4：钢结构工程施工中，专业监理工程师在现场发现乙施工单位使用的高强度螺栓未经报验，存在严重的质量隐患，即向乙施工单位签发了《工程暂停令》，并报告了总监理工程师。甲施工单位得知后也要求乙施工单位立刻停止整改。乙施工单位为赶工期，边施工边报验，项目监理机构及时报告了有关主管部门。报告发出的当天，发生了因高强度螺栓不符合质量标准导致的钢梁高空坠落事故，造成一人重伤，直接经济损失 4.6 万元。

【问题】事件 4 中的质量事故，甲施工单位和乙施工单位各承担什么责任？说明理由。监理单位是否有责任？说明理由。该事故属于哪一类工程质量事故？处理此事故的依据是什么？

【考点】生产安全责任划分、质量事故分类和处理。

【参考答案】（1）事件 4 中的质量事故，甲施工单位承担连带责任。因甲施工单位是总承包单位。

事件 4 中的质量事故，乙施工单位承担主要责任。因质量事故是由于乙施工单位自身原因造成的（或：因质量事故是由于乙施工单位不服从甲施工单位管理造成的）。

（2）事件 4 中的质量事故，监理单位没有责任。项目监理机构已履行了监理职责（或：项目监理机构已及时向有关主管部门报告）。

（3）事件 4 中的质量事故属于一般事故。

事件 4 中的质量事故的处理依据：质量事故的实况资料；有关合同文件；有关的技术文件和档案；相关的建设法规。

【案例 7—20020401】

【背景资料】某实施监理的桥梁工程，其基础为钻孔桩。该工程的施工任务由甲公司总承包，其中桩基础施工分包给乙公司，建设单位委托丙公司监理，丙公司任命的总监理工程师具有多年桥梁设计工作经验。

施工前甲公司复核了该工程的原始基准点，基准线和测量控制点，并经专业监理工程师审核批准。

该桥 1 号桥墩桩基础施工完毕后，设计单位发现：整体桩位（桩的中心线）沿桥梁中线偏移，偏移量超出规范允许的误差。经检查发现，造成桩位偏移的原因是桩位施工图尺寸与总平面图尺寸不一致。因此，甲公司向项目监理机构报送了处理方案，要点如下：

（1）补桩；

（2）承台的结构钢筋适当调整，外形尺寸做部分改动。

总监理工程师根据自己多年的桥梁设计工作经验，认为甲公司的处理方案可行，因此予以批准。乙公司随即提出索赔意向通知，并在补桩施工完成后第 5 天向项目监理机构提交了索赔报告如下：

（1）要求赔偿整改期间机械、人员的窝工损失；

（2）增加的补桩应予以计量、支付。

【问题】总监理工程师批准上述处理方案，在工作程序方面是否妥当？说明理由。并简述监理工程师处理施工过程中工程质量问题工作程序的要点。

【考点】工程质量问题的工作程序。

【参考答案】

（1）工作程序不妥。

理由：施工现场在出现质量问题和事故时，一般是由原设计单位提交技术处理方案，若由其他单位提交技术处理方案，也应经原设计师签认，不论谁提出变更都必须征得建设单位同意，并且办理书面变更手续，之后，总监理工程师才可批准审批技术处理方案。该工程总监理工程师批准处理方案时，既没有得到建设单位同意，也没有取得设计单位签认。

（2）处理质量问题的工作程序要点：

①当发生工程质量问题时，监理工程师首先应判断其程度；

②对可以通过返修或返工弥补的质量问题，签发《监理通知》；对需要加固补偿的质量问题，或质量在影响下道工序和分项工程质量时，应签发《工程暂停令》指令停止其有关联的施工，令施工单位保护现场；

③责成事故单位写出质量问题调查报告；

④施工单位或原设计单位分别对上两种质量问题提出技术处理方案；

⑤审查技术处理方案并签认；

⑥批复承包单位处理，并跟踪监督检查施工单位对技术处理方案的实施；

⑦验收处理结果；

⑧写出质量问题处理报告，报建设单位、监理单位存档；

⑨将完整的处理记录整理归档。

【案例8—20030202】

【背景资料】某工程，监理公司承担施工阶段监理任务，建设单位采用公开招标方式选定承包单位。在招标文件中对省内与省外投标人提出了不同的资格要求，并规定2002年10月30日为投标截止时间。甲、乙等多家承包单位参加投标，乙承包单位11月5日方提交投标保证金。11月3日由招标办主持举行了开标会。但本次招标由于招标人原因导致招标失败。

建设单位重新招标后确定甲承包单位中标，并签订了施工合同。施工开始后，建设单位要求提前竣工，并与甲承包单位协商签订了书面协议，写明了甲承包单位为保证施工质量采取的措施和建设单位应支付的赶工费用。

施工过程中发生了混凝土工程质量事故。经调查组技术鉴定，认为是甲承包单位为赶工拆模过早，混凝土强度不足造成。该事故未造成人员伤亡，但导致直接经济损失4.8万元。

【问题】上述质量事故发生后，在事故调查前，总监理工程师应做哪些工作？

【考点】质量事故发生后，总监理工程师应做的工作。

【参考答案】总监理工程师应该做如下工作：

（1）工程质量事故发生后，总监理工程师签发《工程暂停令》，并要求施工单位停止进行质量缺陷部位和其有关联部位及下道工序施工；

（2）要求施工单位采取必要的措施，防止事故扩大并保护好现场；

（3）要求质量事故发生单位在 24h 内写出质量事故报告，并按类别和等级向相应的主管部门上报。

【案例 9—20030204】

【背景资料】某工程，监理公司承担施工阶段监理任务，建设单位采用公开招标方式选定承包单位。在招标文件中对省内与省外投标人提出了不同的资格要求，并规定 2002 年 10 月 30 日为投标截止时间。甲、乙等多家承包单位参加投标，乙承包单位 11 月 5 日方提交投标保证金。11 月 3 日由招标办主持举行了开标会。但本次招标由于招标人原因导致招标失败。

建设单位重新招标后确定甲承包单位中标，并签订了施工合同。施工开始后，建设单位要求提前竣工，并与甲承包单位的协商签订了书面协议，写明了甲承包单位为保证施工质量采取的措施和建设单位应支付的赶工费用。

施工过程中发生了混凝土工程质量事故。经调查组技术鉴定，认为是甲承包单位为赶工拆模过早，混凝土强度不足造成。该事故未造成人员伤亡，但导致直接经济损失 4.8 万元。

【问题】上述质量事故的技术处理方案应由谁提出？技术处理方案核签后，总监理工程师应完成哪些工作？该质量事故处理报告应由谁提出？

【考点】质量事故处理。

【参考答案】（1）质量事故技术处理方案一般应委托原设计单位提出，其他单位提供的技术处理方案，应经原设计单位同意签认。所以应由原设计单位提出，其由甲承包单位提出，要经原设计单位签认。

（2）技术处理方案核签后，总监理工程师应：

①要求施工单位制定详细的施工方案，并审核签认；

②对工程质量事故技术处理施工质量进行监督、检查；

③对技术处理结果组织检查、验收、签认；

④要求事故单位编写事故处理报告；

⑤签发《工程复工令》。

（3）该质量事故处理报告应由甲承包单位提出。

【案例 10—20030203】

【背景资料】某工程，施工开始后，建设单位要求提前竣工，并与甲承包单位协商签订了书面协议，写明了甲承包单位为保证施工质量采取的措施和建设单位应支付的赶工费用。

施工过程中发生了混凝土工程质量事故。经调查组技术鉴定，认为是甲承包单位为赶工拆模过早，混凝土强度不足造成。该事故未造成人员伤亡，但导致直接经济损失 4.8 万元。

【问题】上述质量事故的调查组应由谁组织？监理单位是否应参加调查组？说明理由。

【考点】质量事故调查。

【参考答案】（1）质量事故调查组应由市、县级建设行政主管部门组织。

理由：此事故属一般质量事故（直接经济损失在 5000 元以上不满 5 万）。

（2）监理单位可以参加调查组。

理由：事故的发生若监理方无责任，监理工程师可应邀参加调查组，参与事故的调查；若监理方有责任，应予以回避，但应配合调查工作。本例中的事故是由于甲承包单位为赶工拆模过早造成的，监理方无责任。

【案例 11—20070304】

【背景资料】某工程，建设单位通过公开招标与甲施工单位签订施工总承包合同，依据合同，甲施工单位通过招标将钢结构工程分包给乙施工单位，施工过程中发生了下列事件：

事件 4：钢结构工程施工中，专业监理工程师在现场发现乙施工单位使用的高强度螺栓未经报验，存在严重的质量隐患，即向乙施工单位签发了《工程暂停令》，并报告了总监理工程师。甲施工单位得知后也要求乙施工单位立刻停止整改。乙施工单位为赶工期，边施工边报验，项目监理机构及时报告了有关主管部门。报告发出的当天，发生了因高强度螺栓不符合质量标准导致的钢梁高空坠落事故，造成一人重伤，直接经济损失 4.6 万元。

【问题】指出事件 4 中专业监理工程师做法的不妥之处，说明理由。

【考点】质量隐患和事故的处理。

【参考答案】事件 4 中专业监理工程师做法的不妥之处：

（1）不妥之处：专业监理工程师直接向乙施工单位签发文件。

理由：监理单位受建设单位委托对合同履行实施管理的法人或其他组织，分包单位和建设单位没有合同关系，专业监理工程师不应直接向乙施工单位签发文件。

（2）专业监理工程师签发《工程暂停令》。

理由：《工程暂停令》应由总监理工程师向甲施工单位签发，并标明停工部位或范围。

【案例 12—20080303】

【背景资料】某工程，建设单位委托监理单位承担施工阶段监理任务。

在施工过程中，发生如下事件：

事件 2：专业监理工程师在检查混凝土试块强度报告时，发现下部结构有一个检验批内的混凝土试块强度不合格，经法定检测单位对相应部位实体进行测定，强度未达到设计要求。经设计单位验算，实体强度不能满足结构安全的要求。

【问题】按《建设工程监理规范》的规定，写出项目监理机构对事件 2 的处理程序。

【考点】工程质量事故处理程序。

【参考答案】按《建设工程监理规范》的规定，项目监理机构对事件 2 的处理程序：

监理人员发现施工存在重大质量隐患，可能造成质量事故或已经造成质量事故，应通过总监理工程师及时下达工程暂停令，要求承包单位停工整改。整改完毕并经监理人员复查，符合规定要求后，总监理工程师应及时签署工程复工报审表。

【案例13—20120301】

【背景资料】某工程，监理单位承担其中A、B、C三个施工标段的监理任务。A标段施工由甲施工单位承担，B、C标段施工由乙施工单位承担。

工程实施过程中发生以下事件。

事件1：A标段基础工程完工并经验收后，基础局部出现开裂。总监理工程师立即向甲施工单位下达《工程暂停令》，经调查分析，该质量事故是由于设计不当所致。

【问题】针对事件1，写出项目监理机构处理基础工程质量事故的程序。

【考点】项目监理机构处理基础工程质量事故程序。

【参考答案】事件1中，当A标段基础工程完工并验收后发现局部开裂，总监理工程师已向甲施工单位下达《工程暂停令》后，处理该质量事故的程序如下：

（1）报告建设单位；

（2）审查事故处理技术方案；

（3）监督管理基础工程处理过程；

（4）验收基础工程处理结果；

（5）经建设单位同意后签发复工令。

【案例14—20070102】

【背景资料】某城市建设项目建设单位委托监理单位承担施工阶段的监理任务，并通过公开招标选定甲施工单位作为施工总承包单位，工程实施中发生了下列事件：

事件2：桩基施工过程中出现断桩事故，经调查分析，此次断桩事故是因为乙施工单位抢进度，擅自改变施工方案引起。对此，原设计单位提供的事故处理方案为：断桩清除，原位重新施工。乙施工单位按处理方案实施。

【问题】项目监理机构应如何处理事件2的断桩事故？

【考点】工程质量事故处理程序。

【参考答案】项目监理机构应以下程序处理事件2的断桩事故：

（1）及时下达《工程暂停令》；

（2）责令甲施工单位报送断桩事故调查报告；

（3）审查甲施工单位报送的施工处理方案、措施；

（4）审查同意后签发《工程复工令》；

（5）对事故的处理和处理结果进行跟踪检查和验收；

（6）及时向建设单位提交有关事故的书面报告，并应将完整的质量事故处理记录整理归档。

【案例15—20110404】

【背景资料】某实施监理的工程，施工单位按合同约定将打桩工程分包。施工过程中发生如下事件：

事件4：施工单位因违规作业发生一起质量事故，造成直接经济损失8万元。该事故发生后，总监理工程师签发《工程暂停令》。事故调查组进行调查后，出具事故调查报告，项目监理机构接到事故调查报告后，按程序对该质量事故进行了处理。

【问题】写出项目监理机构接到事故调查报告后对该事故的处理程序。

【考点】施工质量事故的处理程序。

【参考答案】项目监理机构接到事故调查报告后对该事故的处理程序：

（1）要求施工单位提出事故处理方案，经建设、设计、监理单位审查同意并共同签认后，指令施工单位执行；

（2）监督检查施工单位按照签认的处理方案进行返修、加固处理；

（3）检查验收事故处理后的工程质量；

（4）工程质量满足要求后，签发《工程复工令》。

【案例16—20150401】

【背景资料】政府投资建设的某工程，施工合同约定：生产设备由建设单位直接向设备制造厂商采购；幕墙工程属于依法必须招标的暂估价分包项目，由施工合同双方共同招标确定专业分包单位；材料费中应包含技术保密费、专利费、技术资料费等。

工程实施过程中发生如下事件：

事件1：进行挖孔桩检测时，项目监理机构发现部分桩的实际承载力达不到设计要求。经查，确认是因地质勘察资料有误所致，施工单位按程序对这些桩进行了相应技术处理，并提出工期和费用索赔申请。

【问题】针对事件1，写出项目监理机构对部分桩的实际承载力达不到设计要求时的处理程序。

【考点】工程质量事故的处理程序。

【参考答案】针对事件1，项目监理机构对部分桩的实际承载力达不到设计要求时的处理程序如下：

（1）报建设单位同意后，及时下达工程暂停令；

（2）要求施工单位报送事故调查报告；

（3）审查施工单位报送的经设计单位等相关单位认可的处理方案；

（4）对事故的处理过程和处理结果进行跟踪检查和验收；

（5）签发工程复工令；

（6）将完整的质量事故处理记录整理归档。

第四节 工程施工质量验收

一、建筑工程施工质量验收层次的划分

【案例1】

【背景资料】某工程，在验收前，对施工质量验收层次进行了合理的划分，现列举一些工程：通风与空调工程、装配式结构工程、智能建筑工程、建筑装饰装修工程、混凝土工程。

【问题】就以上工程哪些属于分部工程、哪些属于分项工程？

【考点】建筑工程施工质量验收层次的划分。

【参考答案】分部工程：通风与空调工程、智能建筑工程、建筑装饰装修工程。

分项工程：装配式结构工程、混凝土工程。

二、建筑工程施工质量验收基本规定

【案例2】

【背景资料】某工程，工程监理机构对施工质量的验收提出了以下要求：

（1）检验批的质量按主控项目验收。

（2）工程的观感质量应由专业监理工程师现场检查。

（3）工程施工质量验收均应在施工单位自检合格的基础上进行。

（4）对涉及结构安全、节能、环境保护和使用功能的重要分部工程，应在验收前按规定进行见证检验。

【问题】逐一判断工程监理机构对施工质量验收提出的要求是否妥当？如不妥，写出正确做法。

【考点】建筑工程施工质量验收基本规定。

【参考答案】工程监理机构对施工质量验收提出的要求是否妥当的判断：

（1）不妥。正确做法：检验批的质量应按主控项目和一般项目验收。

（2）不妥。正确做法：工程的观感质量应由验收人员现场检查。

（3）妥当。

（4）不妥。正确做法：对涉及结构安全、节能、环境保护和使用功能的重要分部工程，应在验收前按规定进行抽样检验。

三、建筑工程施工质量验收程序和合格规定

【案例3—20040304】

【背景资料】某监理单位承担了一工业项目的施工监理工作。经过招标，建设单位

选择了甲、乙施工单位分别承担 A、B 标段工程的施工，并按照《建设工程施工合同（示范文本）》分别和甲、乙施工单位签订了施工合同。建设单位与乙施工单位在合同中约定，B 标段所需的部分设备由建设单位负责采购。乙施工单位按照正常的程序将 B 标段的安装工程分包给丙施工单位。在施工过程中，发生了如下事件：

事件 2：总监理工程师根据现场反馈信息及质量记录分析，对 A 标段某部位隐蔽工程的质量有怀疑，随即指令甲施工单位暂停施工，并要求剥离检验。甲施工单位称：该部位隐蔽工程已经专业监理工程师验收，若剥离检验，监理单位需赔偿由此造成的损失并相应延长工期。

【问题】在事件 2 中，总监理工程师的做法是否正确？为什么？试分析剥离检验的可能结果及总监理工程师相应的处理方法。

【考点】隐蔽工程剥离检验。

【参考答案】在事件 2 中，总监理工程师的做法是正确的。无论工程师是否参加了验收，当工程师对某部分的工程质量有怀疑，均可要求承包人对已经隐蔽的工程进行重新检验。

剥离检验的可能结果及总监理工程师相应的处理方法：重新检验质量合格，发包人承担由此发生的全部追加合同价款，赔偿施工单位的损失，并相应顺延工期；检验不合格，施工单位承担发生的全部费用，工期不予顺延。

【案例 4—20090304】

【背景资料】某实行监理的工程，建设单位与总承包单位按《建设工程施工合同（示范文本）》签订了施工合同，总承包单位按合同约定将一专业工程分包。

施工过程中发生下列事件：

事件 3：专业监理工程师现场巡视时发现，总承包单位在某隐蔽工程施工时，未通知项目监理机构即进行隐蔽。

【问题】针对事件 3，写出总承包单位的正确做法。

【考点】隐蔽工程验收程序和要求。

【参考答案】针对事件 3，总承包单位的正确做法：

工程具备了隐蔽条件，总承包单位进行自检，自检合格后，并在隐蔽前 48h 以书面形式通知监理工程师，待验收合格后方可进行隐蔽。若项目监理机构未能在验收前 24h 书面提出延期要求，不进行验收，总承包单位可自行验收。

【案例 5—20140505】

【背景资料】某工程，施工过程中发生如下事件：

事件 4：工作 G 经项目监理机构验收后进行了覆盖，项目监理机构又对工作 G 的施工质量提出复验要求，甲施工单位不同意复验，项目监理机构坚持要求复验，甲施工单位进行剥离后，复验结果表明工程质量合格。

【问题】事件 4 中，甲施工单位和项目监理机构的做法是否妥当？分别说明理由。

【考点】隐蔽工程重新检验。

【参考答案】事件4中，甲施工单位和项目监理机构的做法是否妥当的判断及理由：

（1）甲施工单位的做法不妥。

理由：甲施工单位不得拒绝项目监理机构的复验要求。

（2）项目监理机构的做法妥当。

理由：项目监理机构对隐蔽工程质量有疑问时，应坚持进行剥离复验。

【案例6—20130203】

【背景资料】某工程，建设单位与施工总包单位按《建设工程施工合同（示范文本）》签订了施工合同。工程实施过程中发生如下事件：

事件3：室内空调管道安装工程隐蔽前，施工总包单位进行了自检，并在约定的时限内按程序书面通知项目监理机构验收。项目监理机构在验收前6h通知施工总包单位因故不能到场验收，施工总包单位自行组织了验收，并将验收记录送交项目监理机构，随后进行工程隐蔽，进入下道工序施工。总监理工程师以"未经项目监理机构验收"为由下达了《工程暂停令》。

【问题】事件3中，施工总包单位和总监理工程师的做法是否妥当，分别说明理由。

【考点】隐蔽工程检验和重新检验的程序。

【参考答案】事件3中，施工总包单位的做法妥当。

理由：工程具备隐蔽条件或达到专用条款约定的中间验收部位，承包人进行自检，并在隐蔽或中间验收前48h以书面形式通知工程师验收。若监理工程师未能按时提出延期要求，又未按时参加验收，承包人可自行组织验收。承包人经过验收的检查、试验程序后，将检查、试验记录送交工程师。本次检验视为工程师在场情况下进行的验收，工程师应承认验收记录的正确性。

事件3中，总监理工程师的做法不妥当。

理由：（1）如果监理工程师不能按时进行验收的，应在施工总包单位通知的验收时间前24h，以书面形式向施工总包单位提出延期验收要求，但延期不能超过48h。本案例是6h之前书面提出延期要求，不符合规定。（2）总监理工程师以"未经项目监理机构验收"为由下达了《工程暂停令》不妥，应该是对其质量有怀疑时可以要求重新检验。

【案例7—20160302】

【背景资料】某工程，实施过程中发生如下事件：

事件2：项目监理机构收到施工单位提交的地基与基础分部工程验收申请后，总监理工程师组织施工单位项目负责人和项目技术负责人进行了验收，并核查了下列内容：①该分部工程所含分项工程质量是否验收合格；②有关安全、节能、环境保护和主要使用工程的抽样检验结果是否符合规定。

【问题】针对事件2，还有哪些人员应参加验收？验收核查的内容还应包括哪些？

【考点】分部工程验收的程序。

【参考答案】针对事件2，还应参加验收的人员包括：设计单位项目负责人、勘察单位项目负责人、施工单位技术部门负责人、施工单位质量部门负责人等。

验收核查的内容还应包括：质量控制资料是否完整；观感质量是否符合要求。

【案例 8—20090305】

【背景资料】某实行监理的工程，建设单位与总承包单位按《建设工程施工合同（示范文本）》签订了施工合同，总承包单位按合同约定将一专业工程分包。

施工过程中发生下列事件：

事件4：工程完工后，总承包单位在自查自评的基础上填写了工程竣工报验单，连同全部竣工资料报送项目监理机构，申请竣工验收。总监理工程师认为施工过程均按要求进行了验收，便签署了竣工报验单，并向建设单位提交了竣工验收报告和质量评估报告，建设单位收到该报告后，即将工程投入使用。

【问题】分别指出事件4中总监理工程师、建设单位的不妥之处，写出正确做法。

【考点】工程竣工验收程序。

【参考答案】事件4中总监理工程师的不妥之处：认为施工过程均按要求进行了验收，便签署了竣工报验单，并向建设单位提交了竣工验收报告和质量评估报告。

正确做法：在收到总承包单位报送的工程竣工报验单和全部竣工资料后，总监理工程师应组织专业监理工程师，依据法律、法规、工程建设强制性标准、设计文件及施工合同，对承包单位报送的竣工资料进行审查，并对工程质量进行竣工预验收。对存在的问题，应及时要求承包单位整改。整改完毕后由总监理工程师签署工程竣工报验单，并在此基础上提出工程质量评估报告。工程质量评估报告应经总监理工程师和监理单位技术负责人审核签字，而竣工验收报告是在竣工验收合格后，由总监理工程师会同参加验收的各方签署竣工验收报告。

事件4中建设单位的不妥之处：收到竣工验收报告和质量评估报告后即将工程投入使用。

正确做法：建设单位收到竣工验收报告后，应组织勘察、设计、施工、监理、质量监督机构和其他有关方面的专家组成验收组，对工程进行验收。工程经验收合格后方可投入使用。

【案例 9—20120404】

【背景资料】某实施监理的工程，工程实施过程中发生以下事件：

事件4：甲施工单位组织工程竣工预验收后，向项目监理机构提交了工程竣工报验单。项目监理机构组织工程竣工验收后，向建设单位提交了工程质量评估报告。

【问题】指出事件4中的不妥之处，写出正确做法。

【考点】工程竣工验收程序。

【参考答案】事件4中的不妥之处及正确做法。

（1）不妥之处：甲施工单位组织工程竣工预验收。

正确做法：应由总监理工程师组织工程竣工预验收。

（2）不妥之处：甲施工单位向项目监理机构提交了工程竣工报验单。

正确做法：总监理工程师组织工程竣工预验收，对存在的问题，应及时要求承包单位整改；整改完毕由总监理工程师签署工程竣工报验单。

（3）不妥之处：项目监理机构组织工程竣工验收。

正确做法：应由建设单位组织工程竣工验收。

（4）不妥之处：组织工程竣工验收后，项目监理机构向建设单位提交了工程质量评估报告。

正确做法：项目监理机构应在工程竣工验收前向建设单位提交工程质量评估报告。

【案例 10—20210304】

【背景资料】某工程，实施过程中发生如下事件：

事件 4：项目监理机构收到施工单位提交的节能分部验收申请，总监理工程师组织施工单位项目负责人和项目技术负责人进行验收，并核查了以下内容：（1）所含分项工程质量是否均验收合格；（2）有关安全、节能、环保和主要使用功能抽样检验结果是否符合规定。

【问题】针对事件 4，还应有哪些人员参加验收？项目监理机构还应核查哪些内容？

【考点】分部工程质量验收。

【参考答案】节能分部工程验收还应参加的人员：设计单位项目负责人和施工单位技术、质量部门负责人。

项目监理机构还应核查的内容包括：（1）质量控制资料是否完整；（2）观感质量是否符合要求。

第五节　工程质量试验检测方法

一、基本材料性能检验

【案例 1】

【背景资料】某工程，施工单位购买的一批钢材进场时，按国家相关标准的规定进行了力学试验和重量偏差检验，检验结果符合有关标准的规定。

【问题】这批钢材进场时主要检验的内容有哪些？主要的力学试验包括哪些？

【考点】基本材料性能检验。

【参考答案】这批钢材进场时主要检验的内容：产品出厂合格证、出厂检验报告和进场复验报告。主要力学试验包括：拉力试验、冷弯试验、反复弯曲试验。

二、实体检测

【案例 2】

【背景资料】某工程，在混凝土结构实体检测时采用的是回弹仪法。在混凝土构件的倾斜检测时采用的是经纬仪。

【问题】混凝土结构实体检测主要采用的方法还有哪些？对混凝土构件的倾斜检测常采用的方法还有哪些？

【考点】实体检测。

【参考答案】混凝土结构实体检测主要采用的方法还有超声回弹综合法、钻芯法、后张拔出法。对混凝土构件的倾斜检测常采用的方法还有激光定位仪、三轴定位仪或吊坠的方法。

第六节　工程质量统计分析方法应用

一、排列图的应用

【案例 1—20080301】

【背景资料】某工程，建设单位委托监理单位承担施工阶段监理任务。在施工过程中，发生如下事件：

事件 1：专业监理工程师检查结构受力钢筋电焊接头时，发现存在质量问题，见表3-1，随即向施工单位签发了《监理通知单》要求整改。施工单位提出，是否整改应视常规批量抽检结果而定。在专业监理工程师见证下，施工单位选择有质量问题的钢筋电焊接头作为送检样品。经施工单位技术负责人负责封样后，由专业监理工程师送往预先确定的试验室，经检测，结果合格。于是，总监理工程师同意施工单位不再对该批电焊接头整改。在随后的月度工程款支付申请时，施工单位将该检测费用列入工程进度款中要求一并支付。

钢筋电焊接头质量问题统计表 表 3-1

序号	质量问题	数量
1	裂纹	8
2	气孔	20
3	夹渣	54
4	咬边	104
5	焊瘤	14

【问题】根据表 3-1，采用排列图法列表计算质量问题的累计频率，并分别指出哪些是主要质量问题、次要质量问题和一般质量问题。

【考点】应用排列图统计分析工程质量。

【参考答案】采用排列图法列表（表 3-2）计算质量问题的累计频率：

<table>
</table>

质量问题项目数量频率统计表　　　　　　　　　表 3-2

序号	质量问题	数量	频率（%）	累计频率（%）
1	咬边	104	52	52
2	夹渣	54	27	79
3	气孔	20	10	89
4	焊瘤	14	7	96
5	裂纹	8	4	100
合计		200	100	

主要质量问题是咬边和夹渣。

次要质量问题是气孔。

一般质量问题是焊瘤和裂纹。

二、因果分析图的应用

【案例 2—20110403】

【背景资料】某实施监理的工程，施工单位按合同约定将打桩工程分包。施工过程中发生如下事件：

事件 3：主体工程施工过程中，专业监理工程师发现已浇筑的钢筋混凝土工程出现质量问题，经分析，有以下原因：

（1）现场施工人员未经培训；

（2）浇筑顺序不当；

（3）振捣器性能不稳定；

（4）雨天进行钢筋焊接；

（5）施工现场狭窄；

（6）钢筋锈蚀严重。

【问题】将项目监理机构针对事件 3 分析的（1）~（6）项原因分别归入影响工程质量的五大要因（人员、机械、材料、方法、环境）之中，并绘制因果分析图。

【考点】对施工质量控制方法的应用。

【参考答案】第（1）项原因归入影响工程质量的五大要因的人员之中。

第（2）项原因归入影响工程质量的五大要因的方法之中。

第（3）项原因归入影响工程质量的五大要因的机械之中。

第（4）项原因归入影响工程质量的五大要因的环境之中。

第（5）项原因归入影响工程质量的五大要因的环境之中。

第（6）项原因归入影响工程质量的五大要因的材料之中。

绘制的因果分析图如图 3-1 所示。

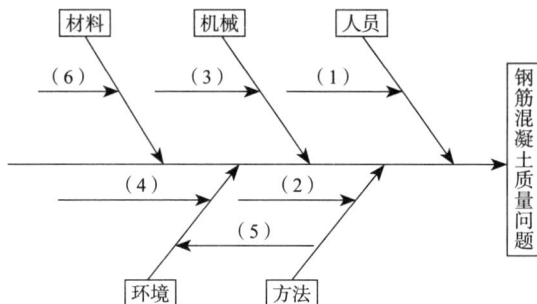

图 3-1　因果分析图

【案例 3—20180201】

【背景资料】某工程，实施过程中发生如下事件：

事件 1：项目监理机构发现某分项工程混凝土强度未达到设计要求。经分析，造成该质量问题的主要原因为：①工人操作技能差；②砂石含泥量大；③养护效果差；④气温过低；⑤未进行施工交底；⑥搅拌机失修。

【问题】针对事件 1 中的质量问题绘制包含人员、机械、材料、方法、环境五大因果分析图，并将①～⑥项原因分别归入五大要因之中。

【考点】因果分析图。

【参考答案】因果分析图如图 3-2 所示。

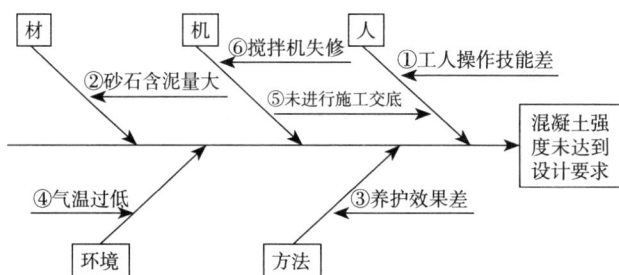

图 3-2　混凝土强度不足的因果分析图

三、直方图的应用

【案例 4—20150203】

【背景资料】某工程，实施过程中发生如下事件：

事件 3：项目监理机构进行桩基混凝土试块抗压强度数据统计分析，出现了如图 3-3 所示的四种非正常分布的直方图。

【问题】分别指出事件 3 中四种直方图的类型，并说明其形成的主要原因。

【考点】直方图形式及其产生原因。

【参考答案】事件 3 中四种直方图的类型及其形成的主要原因如下：

（1）（a）属于缓坡型。

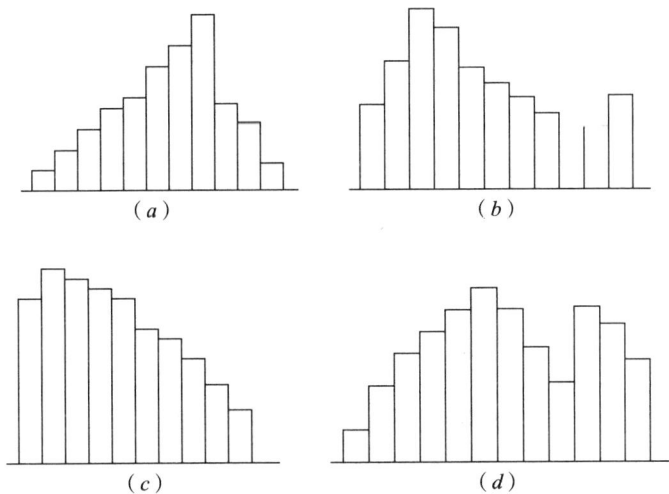

图 3-3 桩基混凝土试块抗压强度直方图

形成原因：操作中对上限控制太严造成的。

（2）（b）属于孤岛型。

形成原因：原材料发生变化，或者临时他人顶班作业造成的。

（3）（c）属于绝壁型。

形成原因：数据收集不正常，可能有意识地去掉下限以下的数据，或是在检测过程中存在某种人为因素所造成的。

（4）（d）属于双峰型。

形成原因：用两种不同方法或两台设备或两组工人进行生产，然后把两方面数据混在一起整理产生的。

【案例 5—20120303】

【背景资料】某工程，监理单位承担其中 A、B、C 三个施工标段的监理任务。A 标段施工由甲施工单位承担，B、C 标段施工由乙施工单位承担。

工程实施过程中发生以下事件。

事件 3：B、C 两个标段 5、6、7 三个月混凝土试块抗压强度统计数据的直方图如图 3-4 所示。

【问题】针对事件 3，指出 5、6、7 三个月的直方图分别属于哪种类型，并分别说明其形成原因。

【考点】数理统计分析方法直方图及其应用。

【参考答案】5 月份的直方图属于孤岛型。

形成原因：由于原材料发生变化，或者他人顶班作业造成的。

6 月份的直方图属于双峰型。

形成原因：由于用两种不同方法或两台设备或两组工人进行生产，然后把两方面数据混在一起整理产生的。

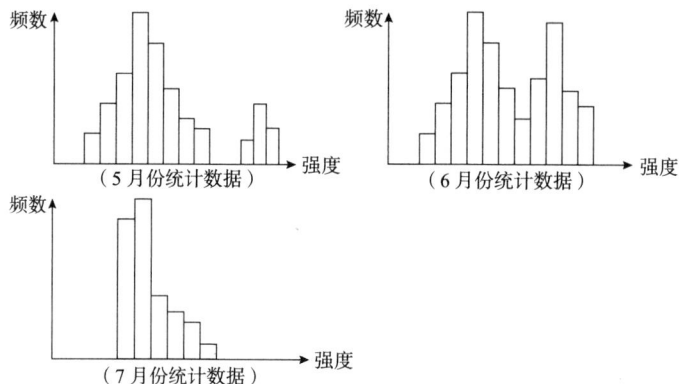

图 3-4　混凝土强度统计直方图

7月份的直方图属于绝壁型。

形成原因：由于数据收集不正常，可能有意识地去掉下限以下的数据，或是在检测过程中存在某种人为因素所造成的。

四、控制图的应用

【案例 6—20160303】

【背景资料】某工程，实施过程中发生如下事件：

事件 3：主体结构工程过程中，项目监理机构对两种不同强度等级的预拌混凝土坍落度数分别进行统计，得到如图 3-5 所示的控制图。

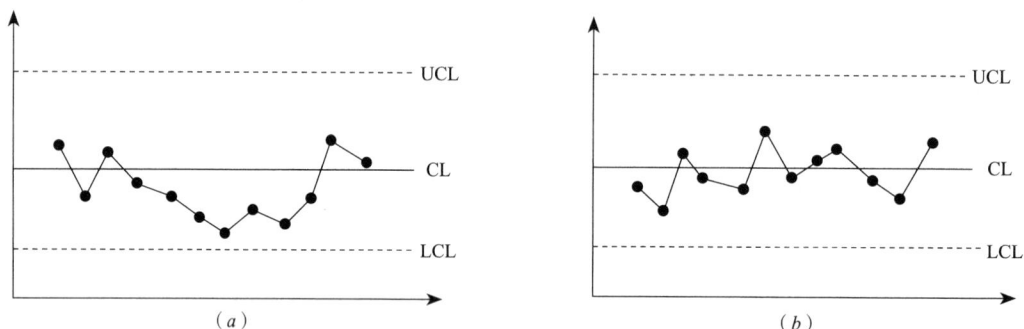

图 3-5　预拌混凝土坍落度控制图

【问题】事件 3 中，根据预拌混凝土坍落度控制图（图 3-5），分别判断（a）、（b）所示生产过程中是否正常，并说明理由。

【考点】控制图的观察与分析。

【参考答案】事件 3 中，根据预拌混凝土坍落度控制图（图 3-5），对（a）、（b）所示生产过程中正常的判断及理由如下：

（1）图（a）所示生产过程不正常。

理由：链是指点子连续出现在中心线一侧的现象。出现五点链，应注意生产过程发展状况。出现六点链，应开始调查原因。出现七点链，应判定工序异常，需采取处理措施。图（a）出现七点链。

（2）图（b）所示生产过程正常。

理由：点子全部落在控制界限之内，并且控制界限内的点子排列没有缺陷。

第四章
建设工程投资控制

知识导学

考试涉及本章的采分点的重要程度依次为：

（1）合同价款确定和调整。

（2）合同价款支付、竣工结算。

（3）投资偏差分析。

（4）建筑安装工程费用项目组成及计算。

本章的采分点主要围绕合同价款的支付来考核，同时也会结合索赔的内容来考核。由于这部分内容在考题中的几个问题有连贯性，因此，我们没有把问题拆分开，而是以一个完整的题目呈现给考生，考生掌握了这几个案例题的解决方法，应对考试就比较轻松了。

【案例1—202106】

【背景材料】某工程，建设单位和施工单位依照《建设工程施工合同（示范文本）》签订了施工合同，签约合同价为8100万元，其中暂列金额100万元（含税费）。合同工期10个月，施工合同约定：（1）预付款为签约合同价扣除暂列金额的20%，开工后从第3个月开始分4个月等额扣回，当月实际结算价款不足以抵扣时，不足部分在次月扣回。（2）工程进度款按月结算。（3）质量保证金为工程结算价款总额的3%，每月按应付工程进度款的3%扣留。（4）人工费80元/工日，施工机械台班费2000元/台班，计日工单价150元。（5）企业管理费率12%（以人工费、材料费、施工机具使用费之和为基数），利润率5%（以人工费、材料费、施工机具使用费及企业管理费之和为基数），规费综合费率8%（以分部分项工程费、措施项目费及其他项目费之和为基数）。增值税税率9%。（上述费用均不含增值税进项税额）。

工程实施过程中发生如下事件：

事件1：基坑开挖过程中，受建设单位平行发包的另一家施工承包单位施工不当影响，造成基坑局部坍塌，因此发生修理基坑围护工程费用 30 万元，变配电用房费用 5 万元，工程停工 5d，施工单位提出索赔，要求补偿费用 35 万元，工程延期 5d，建设单位同意补偿基坑围护工程费用 30 万元，但不同意顺延工期。

事件 2：结构工程施工阶段，建设单位提出工程变更，由此增加用工 150 工日，施工机械 30 台班及计日工 160 工日，施工单位在合同约定期限内向项目监理机构提出费用补偿申请。

事件 3：装修工程施工中发生不可抗力，造成下列后果：（1）装修材料损失 3 万元。（2）施工机械损失 12 万元。（3）施工单位应建设单位要求，照管、清理和修复工程发生费用 15 万元。（4）施工人员医疗费 1.8 万元，为保证合同工期，建设单位要求施工单位赶工，施工单位为此提出增加赶工费要求。

事件 4：施工单位 1 ~ 10 月实际完成的合同价款（含各项索赔费用）见表 4-1。

施工单位 1 ~ 10 月实际完成的合同价款 　　　　表 4-1

时间（月）	1	2	3	4	5	6	7	8	9	10
完成价款（万元）	800	900	814	400	900	920	800	900	900	734

【问题】

1. 预付款总额和第 3 个月应扣回的工程预付款分别为多少万元？

2. 针对事件 1，指出建设单位做法的不妥之处，并写出正确做法。

3. 针对事件 2，项目监理机构应批准费用补偿应为多少万元？

4. 针对事件 3，指出建设单位应承担哪些费用？

5. 针对事件 4，分别计算第 2、4、5 月实际支付的工程价款为多少万元？工程实际造价和质量保证金分别是多少万元？

（计算结果保留 2 位小数）

【参考答案】

1. 预付款总额 =（8100–100）× 20% = 1600 万元。

第 3 个月应扣回的工程预付款为 1600/4 = 400 万元。

2. 建设单位的不妥之处：费用索赔 30 万元不妥，不同意顺延工期不妥。正确做法：应赔偿费用 35 万元，同意工程延期 5d。

3. 监理机构应批准的费用补偿：

增加用工：80 × 150/10000 = 1.2 万元。

施工机械费用：30 × 2000/10000 = 6 万元。

计日工费用：150 × 160/10000 = 2.4 万元。

监理机构应批准费用补偿为：

[（1.2 + 6）×（1 + 12%）×（1 + 5%）+ 2.4]×（1 + 8%）×（1 + 9%）= 12.79 万元。

4. 建设单位应承担的费用：（1）装修材料损失 3 万元；（2）施工单位应建设单位要求的照管、清理修复工程费用 15 万元；（3）建设单位要求赶工的赶工费。

5. 第 2 个工程实际造价 900 万元，扣回质量保证金为 900×3%=27 万元，实际支付的工程价款为 900-27=873 万元。

第 4 个月工程实际造价 400 万元，扣回质量保证金为 400×3%=12 万元，扣回的预付款为 400 万元，由于不足以扣完，故第 4 个月实际支付的价款为 0 万元，不足以扣回的金额 12 万元，将在第 5 月扣回。

第 5 个月工程实际造价 900 万元，扣回质量保证金为 900×3%=27 万元，扣回的预付款为 400 万元。实际支付的工程价款为 900-27-400-12=461 万元。

实际造价 =800+900+814+400+900+920+800+900+900+734=8068 万元。

质量保证金 =8068×3%=242.04 万元。

【案例 2—202006】

【背景材料】某工程，建设单位与施工单位按《建设工程施工合同（示范文本）》签订了施工合同。合同约定：签约合同价为 1000 万元，合同工期 10 个月；企业管理费费率为 2%（以人工费、材料费、施工机具使用费之和为基数），利润率为 7%（以人工费、材料费、施工机具使用费及企业管理费之和为基数），措施项目费按分部分项工程费的 5% 计，规费综合费率为 8%（以分部分项工程费、措施项目费及其他项目费之和为基数），税率为 9%（以分部分项工程费、措施项目费、其他项目费及规费之和为基数），人工费为 80 元 / 工日，机械台班费为 2000 元 / 台班；由于建设单位责任造成的人工窝工、机械台班闲置，窝工和闲置费用按原人工费和机械台班费 70% 计取；发生工期延误，逾期竣工违约金每天按签约合同价的 0.5‰ 计取，最高为签约合同价的 5%，工程每提前一天竣工，奖励金额按签约合同价的 1‰ 计取；实际工程量与暂估工程量偏差超出 15% 以上时，超出部分可以调整综合单价。实施过程中发生如下事件：

事件 1：因建设单位需求变化发生设计变更，导致工程停工 15d，并造成某分部分项工程费增加 34 万元，施工人员窝工 200 个工日、施工机械闲置 10 个台班。为此，施工单位提出了索赔。

事件 2：该工程实际施工工期为 15 个月，其中，①由于设计变更造成工期延长 1 个月；②工程实施过程中遇不可抗力造成工期延长 2 个月；③施工单位准备不足导致试车失败造成工期延长 1 个月；④因施工原因造成质量事故返工导致工期延长 1 个月。施工单位提出了 5 个月的工期索赔（每月按 30d 计算）。

事件 3：某分项工程在招标工程量清单中的暂估工程量为 1250m，投标综合单价为 800 元 /m³。施工完成后，经项目监理机构验收符合质量要求，确认计量的工程量为 1500m³。经协商，对原暂估工程量 115% 以上部分工程量的综合单价调整为 750 元 /m²，另发生现场签证计日工 4 万元。为此，施工单位提出工程款结算如下：

①分部分项工程费：1500×800÷10000=120 万元。

②管理费：120×12%=14.40 万元。

③计日工：4万元。

④工程结算价款：120＋14.40＋4＝138.40万元。

【问题】

1. 针对事件1，项目监理机构应批准的费用索赔和工期索赔各是多少？

2. 针对事件2，逐项指出施工单位的工期索赔是否成立。

3. 针对事件2，项目监理机构应确认的工期奖惩金额是多少？

4. 针对事件3，分别指出施工单位提出工程款结算①～④的内容是否妥当，并说明理由。项目监理机构应批准的工程结算价款是多少万元？

【参考答案】

1. 分部分项工程增加的工程造价：34×（1＋5%）×（1＋8%）×（1＋9%）＝42.03万元。

窝工损失：[（80×200＋10×2000）×70%×（1＋8%）×（1＋9%）]÷10000＝2.97万元。

应批准的费用索赔合计：42.03＋2.97＝45.00万元。

应批准的工期赔：15d。

2. 施工单位的工期索赔是否成立的判断：①工期索赔成立。②工期索赔成立。③工期索赔不成立。④工期索赔不成立。

3. 实际工期15个月，合同工期10个月，可索赔工期3个月，超过15－10－3＝2个月，罚款：2×30×0.5‰×1000＝30万元＜5‰×1000＝50万元，监理机构批准罚款：30万元。

4.（1）施工单位提出工程款结算①～④的判断：

①不妥。理由：（1500－1250）/1250＝20%≥15%，超过15%部分（1500－1250×1.15＝62.5m²）综合单价应调整为750元/人。

②不妥。理由：综合单价包含人工费、材料费、施工机具使用费、管理费、利润；管理费已包含在分部分项工程费，不应重复计取。

③妥当。理由：计日工属于其他项目，应计入结算款。

④不妥。理由：未计算措施费、规费和税金。

（2）项目监理机构应批准的结算价款：

①调价后的分部分项工程费：

{1250×（1＋15%）×800＋[1500－1250×（1＋15%）]×750}÷10000＝119.69万元。

②措施费：119.69×5%＝5.98万元。

③其他项目费：4万元。

④应批准的结算价款：（19.69＋5.98＋4）×（1＋8%）×（1＋9%）＝152.65万元。

【案例3—201906】

【背景材料】某工程，建设单位和施工单位按《建设工程施工合同（示范文本）》签订了施工合同。合同约定：签约合同价为3245万元；预付款为签约合同价的10%，当施工单位实际完成金额累计达到合同总价的30%时开始分6个月等额扣回预付款；管理费率取12%（以人工费、材料费、施工机具使用费之和为基数），利润率取7%（以人工费、材料费、施工机具使用费及管理费之和为基数），措施项目费按分部分项工程费的5%计（赶工不计取措施费），规费综合费率取8%（以分部分项工程费、措施项目费及其他项目费之和为基数），税率取9%（以分部分项工程费、措施项目费、其他项目费及规费之和为基数）；人工费为80元/工日，机械台班费为2000元/台班。实施过程中发生如下事件：

事件1：由于不可抗力造成下列损失：

（1）修复在建分部分项工程费18万元；

（2）进场的工程材料损失12万元；

（3）施工机具闲置25台班；

（4）工程清理花费人工100工日（按计日工计，单价150元/工日）；

（5）施工机具损坏损失55万元；

（6）现场受伤工人的医药费0.75万元。

事件2：为了防止工期延误，建设单位提出加快施工进度的要求，施工单位上报了赶工计划与相应的费用。经协商，赶工费不计取利润。项目监理机构审查确认赶工增加人工费、材料费和施工机具使用费合计为15万元。

事件3：用于某分项工程的某种材料暂估价4350元/t，经施工单位招标及项目监理机构确认，该材料实际采购价格为5220元/t（材料用量不变）。施工单位向项目监理机构提交了招标过程中发生的3万元招标采购费用的索赔，同时还提交了综合单价调整申请，其中使用该材料的分项工程综合单价调整，见表4-2，在此单价内该种材料用量为80kg。

综合单价调整表（节选）　　　　　　　　　　　　表4-2

已标价清单综合单价（元）					调整后综合单价（元）				
综合单价	其中				综合单价	其中			
	人工费	材料费	机械费	管理费和利润		人工费	材料费	机械费	管理费和利润
599.20	30	400	70	99.20	719.04	36	480	84	119.04

【问题】

1. 该工程的工程预付款、预付款起扣时施工单位应实际完成的累计金额和每月应扣预付款各为多少万元？

2. 针对事件1，依据《建设工程施工合同（示范文本）》，逐条指出各项损失的承担方。建设单位应承担的金额为多少万元？

3. 针对事件2，协商确定赶工费不计取利润是否妥当？项目监理机构应批准的赶工费为多少万元？

4. 针对事件3，施工单位对招标采购费用的索赔是否妥当？项目监理机构批准的调整综合单价是多少元？分别说明理由。

（计算部分应写出计算过程，保留 2 位小数）

【参考答案】

1. 该工程的工程预付款、预付款起扣时施工单位应实际完成的累计金额和每月应扣预付款分别为：

（1）工程预付款：$3245 \times 10\% = 324.50$ 万元。

（2）预付款起扣时应实际完成的累计金额：$3245 \times 30\% = 973.50$ 万元。

（3）每月应扣的预付款：$324.50/6 = 54.08$ 万元。

2. 针对事件 1，依据《建设工程施工合同（示范文本）》，逐条指出各项损失的承担方：

（1）修复在建分部分项工程费由建设单位承担；

（2）进场的工程材料损失由建设单位承担；

（3）施工机具闲置由施工单位承担；

（4）工程清理费由建设单位承担；

（5）施工机具损坏损失由施工单位承担；

（6）现场受伤人工的医药费由施工单位承担。

事件 1 中，建设单位应承担的费用 = 修复在建分部分项工程费 + 进场的工程材料损失 + 工程清理费 = $18 \times (1+5\%) \times (1+8\%) \times (1+9\%) + (12+100 \times 0.015) \times (1+8\%) \times (1+9\%) = 38.14$ 万元。

3. 事件 2 中协商确定赶工费不计取利润，妥当；

项目监理机构应批准的赶工费 = $15 \times (1+12\%) \times (1+8\%) \times (1+9\%) = 19.78$ 万元。

4. 针对事件 3：

（1）施工单位对招标采购费用的索赔不妥当；

理由：招标采购费用已包含在合同报价中（或由招标方承担）。

（2）项目监理机构批准的调整综合单价及计算过程：

材料用量 = $80/1000 = 0.08t$。

该材料暂估价 = $4350 \times 0.08 = 348$ 元。

该材料实际采购价格 = $5220 \times 0.08 = 417.60$ 元。

该材料价的增加额 = $417.60 - 348 = 69.60$ 元。

调整综合单价 = $599.20 + 69.60 = 668.80$ 元。

理由：暂估材料价确定后，在综合单价中只应取代原暂估单价，不应再在综合单价中涉及企业管理费或利润等其他费的变动。

【案例 4—201806】

【背景材料】 某工程，签约合同价为 30850 万元，合同工期为 30 个月，预付款为签约合同价的 20%，从开工后第 5 个月开始分 10 个月等额扣回。工程项目质量保证金为签约合同价的 3%，开工后每月按进度款的 10% 扣留，扣留至足额为止。施工合同约定：工程进度款按月结算。因清单工程量偏差和工程设计变更等导致的实际工程量偏差超过 15% 时，可以调整综合单价。实际工程量增加 15% 以上时，超出部分的工程量综合单价调值系数为 0.9，实际工程量减少 15% 以上时，减少后剩余部分的工程量综合单价调值系数为 1.1。

按照项目监理机构批准的施工组织设计，施工单位计划完成的工程价款，见表 4-3。

计划完成工程价款表 表 4-3

时间（月）	1	2	3	4	5	6	7	⋯	15	⋯
工程价款（万元）	700	1050	1200	1450	1700	1700	1900	⋯	2100	⋯

工程实施过程中发生如下事件：

事件 1：由于设计差错修改图纸使局部工程量发生变化，由原招标工程量清单中的 1320m³ 变更为 1670m³，相应投标综合单价为 378 元 /m³。施工单位按批准后的修改图纸在工程开工后第 5 个月完成工程施工，并向项目监理机构提出了增加合同价款的申请。

事件 2：原工程量清单中暂估价为 300 万元的专业工程，建设单位组织招标后，由原施工单位以 357 万元的价格中标，招标采购费用共花费 3 万元。施工单位在工程开工后第 7 个月完成该专业工程施工，并要求建设单位对该暂估价专业工程增加合同价款 60 万元。

【问题】

1. 计算该工程质量保证金和第 7 个月应扣留的预付款各为多少万元？

2. 工程质量保证金扣留至足额时预计应完成的工程价款及相应月份是多少？该月预计应扣留的工程质量保证金是多少万元？

3. 事件 1 中，综合单价是否应调整？说明理由。项目监理机构应批准的合同价款增加额是多少万元？（写出计算过程）

4. 针对事件 2，计算暂估价工程应增加的合同价款，说明理由。

5. 项目监理机构在第 3、5、7 个月和第 15 个月签发的工程款支付证书中实际应支付的工程进度款各为多少万元？（计算结果保留 2 位小数）

【参考答案】

1. 该工程质量保证金 =30850×3%=925.5 万元。

预付款 =30850×20%=6170 万元。

预付款从开工后第 5 个月开始分 10 个月等额扣回，则第 7 个月应扣留的预付款 =6170÷10=617 万元 / 月。

2. 工程质量保证金扣留至足额时预计应完成的工程价款：

700+1050+1200+1450+1700+1700+1900=9700 万元，相应月份为第 7 个月。

前 6 个月预计累计扣留的质量保证金 =（700+1050+1200+1450+1700+1700）×10%=780 万元。

第 7 个月预计应扣留的工程质量保证金 =925.5-780=145.5 万元。

3.事件 1 中，综合单价应进行调整。

理由：（1670-1320）÷1320×100%＝26.52%＞15%，因此，应当对综合单价进行调整。

项目监理机构应批准的合同价款增加额 ＝[1670-1320×（1+15%）]×378÷10000×0.9+1320×（1+15%）×378÷10000-1320×378÷10000＝12.66 万元。

4.针对事件 2，暂估价工程应增加的合同价款 ＝357-300＝57 万元。

理由：根据《建设工程工程量清单计价规范》规定，承包人参加投标的专业工程发包招标，应由发包人作为招标人，与组织招标工作有关的费用由发包人承担。承包人不能要求建设单位另外增加招标采购费用 3 万元。

5.项目监理机构在第 3 个月实际应支付的工程进度款 ＝1200×（1-10%）＝1080 万元。

项目监理机构在第 5 个月实际应支付的工程进度款 ＝（1700+12.66）×（1-10%）-617＝924.39 万元。

项目监理机构在第 7 个月实际应支付的工程进度款 ＝1900+57+12.66×10%-145.5-617＝1195.77 万元。

项目监理机构在第 15 个月实际应支付的工程进度款 ＝2100 万元。

【案例 5—201706】

【背景材料】某工程，签约合同价为 25000 万元，其中暂列金额为 3800 万元，合同工期 24 个月，预付款比例为签约合同价（扣除暂列金额）的 20%，自施工单位实际完成产值达 4000 万元后的次月开始分 5 个月等额扣回。工程进度款按月结算，项目监理机构按施工单位每月应得进度款的 90% 签认，企业管理费率 12%（以人工费、材料费、施工机具使用费之和为基数），利润率 7%（以人工费、材料费、施工机具使用费和管理费之和为基数），措施费按分项工程费的 5% 计，规费综合费率 8%（以分部分项工程费、措施费和其他项目费之和为基数），综合税率 3%（以分部分项工程费、措施费、其他项目费、规费之和为基数）。

施工单位在前 8 个月的计划完成产值，见表 4-4。

施工单位计划完成产值　　　　　　　　　　　　　　表 4-4

时间（月）	1	2	3	4	5	6	7	8
计划完成产值（万元）	350	400	650	800	900	1000	1200	900

工程实施过程中发生如下事件：

事件 1：基础工程施工中，由于相邻单位工程施工的影响，造成基坑局部坍塌，已完成的工程损失 40 万元，工棚等临时设施损失 3.5 万元，工程停工 5d。施工单位按程序提出索赔申请，要求补偿费用 43.5 万元、工程延期 5d。建设单位同意补偿工程实体损失 40 万元，工期不予顺延。

事件2：工程在第4月按计划完成后，施工至第5个月，建设单位要求施工单位搭设慰问演出舞台，项目监理机构确认该计日工项目消耗人工80工日（人工综合单价75元/工日）；消耗材料150m²（材料综合单价100元/m²）。

事件3：工程施工至第6个月，建设单位提出设计变更，经确认，该变更导致施工单位增加人工费、材料费、施工机具使用费共计18.5万元。

事件4：工程施工至第7个月，专业监理工程师发现混凝土工程出现质量事故，施工单位于次月返工处理合格，该返工部位对应的分部分项工程费为28万元。

事件5：工程施工至第8个月，发生不可抗力事件，确认的损失有：

（1）在建永久工程损失20万元；

（2）进场待安装的设备损失3.2万元；

（3）施工机具闲置损失8万元；

（4）工程清理花费5万元。

【问题】

1. 本工程预付款是多少万元？按计划完成产值考虑，预付款应在开工后第几个月起扣？

2. 针对事件1，指出建设单位做法的不妥之处，写出正确做法。

3. 针对事件2～事件4，若施工单位各月均按计划完成施工产值，项目监理机构在第4～7个月应签认的进度款各是多少万元？

4. 针对事件5，逐项指出各项损失的承担方式（不考虑工程保险），建设单位应承担的损失是多少万元？

（计算结果保留2位小数）

【参考答案】

1. 工程预付款＝（签约合同价－暂列金额）×20%＝（25000－3800）×20%＝4240万元。

1～5月份计划完成产值＝350＋400＋650＋800＋900＝3100万元＜4000万元；

1～6月份计划完成产值＝350＋400＋650＋800＋900＋1000＝4100万元＞4000万元；

所以预付款应从开工后第7个月起扣。

2. 不妥之处：建设单位同意补偿工程实体损失40万元，工期不予顺延。

正确做法：建设单位应补偿工程实体损失和临时设施损失共计43.5万元，工期顺延5d。

3. 第4～7个月应签认的进度款：

（1）第4个月监理单位应签认的进度款＝800×90%＝720万元。

（2）由于工程施工至第5个月，建设单位要求施工单位搭设慰问演出舞台，因此产生的费用应由建设单位承担，所以第5个月监理单位应签认的进度款＝[9000000＋（80×75＋150×100）×（1＋8%）×（1＋3%）]×90%＝8121024.36元＝812.10万元。

（3）由于工程施工至第6个月，建设单位提出设计变更，因此产生的费用应由建设单位承担，所以第 6 个月监理单位应签认的进度款 =[1000＋18.5×（1＋12%）×（1＋7%）×（1＋8%）×（1＋3%）]×90%=922.20 万元。

（4）由于质量事故是施工单位责任，因此产生的费用由施工的单位承担，又因为建设单位第 7 个月开始扣回预付款，所以第 7 个月监理单位应签认的进度款 = [1200－28×（1＋5%）×（1＋8%）×（1＋3%）]×90%－4240/5 =202.57 万元。

4. 事件 5 中各项损失的承担方式如下。

（1）在建永久工程损失 20 万元——应由建设单位承担。

（2）进场待安装的设备损失 3.2 万元——应由建设单位承担。

（3）施工机具闲置损失 8 万元——应由施工单位承担。

（4）工程清理花费 5 万元——应由建设单位承担。

建设单位应承担的损失 =20+3.2+5=28.20 万元。

【案例 6】

【背景资料】某工程项目由 A、B、C、D 四个分项工程组成，采用工程量清单招标确定中标人，合同工期 5 个月。承包费用部分数据，见表 4-5。

承包费用部分数据表　　　　　　　　　　　　　表 4-5

分项工程名称	计量单位	数量	综合单价
A	m^3	5000	50 元 /m^3
B	m^3	750	400 元 /m^3
C	t	100	5000 元 /t
D	m^2	1500	350 元 /m^2
措施项目费用	元	100000	
其中：总价措施项目费用	元	60000	
单价措施项目费用	元	40000	
暂列金额	元	120000	

合同中有关工程款支付条款如下：

1. 开工前发包方向承包方支付合同价（扣除措施项目费用和暂列金额）的 15% 作为材料预付款。预付款从工程开工后的第 2 个月开始分 3 个月均摊抵扣。

2. 工程进度款按月结算，发包方按每次承包方应得工程款的 90% 支付。

3. 总价措施项目工程款在开工前与材料预付款同期支付；单价措施项目在开工后前 4 个月平均支付。

4. 分项工程累计实际工程量增加（或减少）超过计划工程量的 15% 时，其综合单价调整系数为 0.95（或 1.05）。

5. 承包商报价管理费率取 10%（以人工费、材料费、机械费之和为基数），利润率取 7%（以人工费、材料费、机械费和管理费之和为基数）。

6.规费率和增值税率合计（简称规税率）为16%（以不含规费、税金的人工、材料、机械费、管理费和利润为基数）。

7.竣工结算时，业主按总造价的3%扣留工程质量保证金。

各月计划和实际完成工程量，见表4-6。

各月计划和实际完成工程量　　　　　　　　　　　　　表4-6

名称　　月度　　进度		第1月	第2月	第3月	第4月	第5月
A（m³）	计划	2500	2500			
	实际	2800	2500			
B（m³）	计划		375	375		
	实际		430	450		
C（t）	计划			50	50	
	实际			50	60	
D（m²）	计划				750	750
	实际				750	750

施工过程中，4月份发生了如下事件：

1.业主确认某临时工程需人工50工日，综合单价90元/工日；某种材料120m²，综合单价100元/m²。

2.由于设计变更，业主确认的人工费、材料费、机械费共计30000元。

【问题】

1.工程签约合同价为多少元？

2.开工前业主应拨付的材料预付款和总价措施项目工程款为多少元？

3.1～4月业主应拨付的工程进度款分别为多少元？

4.5月份办理竣工结算工程实际总造价和竣工结算款分别为多少元？

【参考答案】

1.分项工程费用：5000×50+750×400+100×5000+1500×350＝1575000元。

签约合同价：（1575000＋100000＋120000）×（1+16%）＝2082200元。

2.应拨付材料预付款：1575000×（1+16%）×15%＝274050元。

应拨付措施项目工程款：60000×（1+16%）×90%＝62640元。

3.第1月：

承包商完成工程款：（2800×50+10000）×（1+16%）＝174000元。

业主应拨付工程款：174000×90%＝156600元。

第2月：

A分项工程累计完成工程量：2800+2500＝5300m³。

超过计划完成工程量百分比：（5300－5000）÷5000＝6%<15%。

承包商完成工程款：（2500×50+430×400+10000）×（1+16%）＝356120元。

业主应拨付工程款：356120×90%－274050÷3＝229158元。

第3月：

B分项工程累计完成工程量：430+450＝880m³。

超过计划完成工程量百分比：（880－750）/750＝17.33%>15%。

超过15%部分工程量：880－750（1+15%）＝17.5m³。

超过15%部分工程量的结算综合单价：400×0.95＝380元/m³。

B分项工程款[17.5×380＋（450－17.5）×400]×（1+16%）＝208394元。

C分项工程款：50×5000×（1+16%）＝290000元。

单价措施项目工程款：10000×（1+16%）＝11600元。

承包商完成工程款：208394+290000+11600＝509994元。

业主应拨付工程款：509994×90%－274050÷3＝367645元。

第4月：

C分项工程累计完成工程量：50+60=110t。

超过计划完成工程量百分比：（110－100）÷100＝10%<15%。

C分项工程款：（60×5000+750×350）×（1+16%）＝652500元。

单价措施项目工程款：11600元。

计日工工程款：（50×90+120×100）×（1+16%）＝19140元。

设计变更工程款：30000×（1+10%）×（1+7%）×（1+16%）＝40960元。

承包商完成工程款：652500+11600+19140+40960＝724200元。

业主应拨付工程款：724200×90%－274050÷3＝560430元。

4.第5月承包商完成工程款：

350×750×（1+16%）＝304500元。

工程实际总造价：

62640/90%+174000+356120+509994+724200+304500＝2138414元。

竣工结算款：

2138414×（1－3%）－（274050+62640+156600+229158+367645+560430）＝
423739元。

【案例7】

【背景资料】某工程项目发承包双方签订了建设工程施工合同，工期5个月，有关
背景资料如下：

1.工程价款方面：

（1）分项工程项目费用合计824000元，包括分项工程A、B、C三项，清单工程量
分别为800m³、1000m³、1100m²，综合单价分别为280元/m³、380元/m³、200元/m²，
当分项工程项目工程量增加（或减少）幅度超过15%时，综合单价调整系数为0.9

（或 1.1）。

（2）单价措施项目费用合计 90000 元，其中与分项工程 B 配套的单价措施项目费用为 36000 元，该费用根据分项工程 B 的工程量变化同比例变化，并在第 5 个月统一调整支付，其他单价措施项目费用不予调整。

（3）总价措施项目费用合计 130000 元，其中安全文明施工费按分项工程和单价措施项目费用之和的 5% 计取，该费用根据计取基数变化在第 5 个月统一调整支付，其余总价措施项目费用不予调整。

（4）其他项目费用合计 206000 元，包括暂列金额 80000 元和需分包的专业工程暂估价 120000 元（另计总承包服务费 5%）。

（5）上述工程费用均不包含增值税可抵扣进项税额。

（6）管理费和利润按人材机费用之和的 20% 计取，规费按人材机费、管理费、利润之和的 6% 计取，增值税税率为 9%。

2. 工程款支付方面：

（1）开工前，发包人按签约合同价（扣除暂列金额和安全文明施工费）的 20% 支付给承包人作为预付款（在施工期间的第 2～4 个月的工程款中平均扣回），同时将安全文明施工费按工程款支付方式提前支付给承包人。

（2）分项工程项目工程款逐月结算。

（3）除安全文明施工费之外的措施项目工程款在施工期间的第 1～4 个月平均支付。

（4）其他项目工程款在发生当月结算。

（5）发包人按每次承包人应得工程款的 90% 支付。

（6）发包人在承包人提交竣工结算报告后的 30d 内完成审查工作，承包人向发包人提供所在开户银行出具的工程质量保函（保函额为竣工结算价的 3%），并完成结清支付。

施工期间各月分项工程计划和实际完成工程量，见表 4-7。

施工期间各月分项工程计划和实际完成工程量　　　　表 4-7

分项工程		施工周期（月）					合计
		1	2	3	4	5	
A	计划工程量（m³）	400	400				800
	实际工程量（m³）	300	300	200			800
B	计划工程量（m³）	300	400	300			1000
	实际工程量（m³）		400	400	400		1200
C	计划工程量（m²）			300	400	400	1100
	实际工程量（m²）			300	450	350	1100

施工期间第 3 个月，经发承包双方共同确认：分包专业工程费用为 105000 元（不

含可抵扣进项税），专业分包人获得的增值税可抵扣进项税额合计为 7600 元。

【问题】

1. 该工程签约合同价为多少元？安全文明施工费工程款为多少元？开工前发包人应支付给承包人的预付款和安全文明施工费工程款分别为多少元？

2. 施工至第 2 个月末，承包人累计完成分项工程合同价款为多少元？发包人累计应支付承包人的工程款（不包括开工前支付的工程款）为多少元？分项工程 A 的进度偏差为多少元？

3. 该工程的分项工程项目、措施项目、分包专业工程项目合同额（含总承包服务费）分别增减多少元？

4. 该工程的竣工结算价为多少元？如果在开工前和施工期间发包人均已按合同约定支付了承包人预付款和各项工程款，则竣工结算时，发包人完成结清支付时，应支付给承包人的结算款为多少元？

（注：计算结果四舍五入取整数）

【参考答案】

1. 该工程签约合同价 =（824000+90000+130000+206000）×（1+6%）×（1+9%）=1444250 元。

安全文明施工费工程款 =（824000+90000）×5%×（1+6%）×（1+9%）=45700×（1+6%）×（1+9%）=52801.78=52802 元。

开工前发包人应支付给承包人的预付款 =[（1444250-52802-80000）×（1+6%）×（1+9%）] ×20%=259803.244=259803 元。

开工前发包人应支付给承包人的安全文明施工费工程款 =52802×90%=47521.8=47522 元。

2. 施工至第 2 个月末，承包人累计完成分项工程合同价款 =[（300+300）×280+400×380] ×（1+6%）×（1+9%）=369728 元。

发包人累计应支付承包人的工程款（不包括开工前支付的工程款）计算：

（1）1 ~ 4 月每月支付的措施费工程款 =[（90000+130000）×（1+6%）×（1+9%）-52802]/4=50346.5 元。

（2）2 ~ 4 月每月扣回的预付款 =259803/3=86601 元。

（3）2 月末累计应支付的工程款 =（369728+50346.5×2）×90%-86601=336777.9=336778 元。

【或发包人累计应支付承包人的工程款（不包括开工前支付的工程款）=369728×90%+[（90000+130000）×（1+6%）×（1+9%）-52802] ×90%/4×2-259803/3=336777.9=336778 元】。

分项工程 A 的进度偏差计算：

（1）已完工程预算投资 =（300+300）×280×（1+6%）×（1+9%）=194107.2 元。

（2）计划工程预算投资 =（400+400）×280×（1+6%）×（1+9%）=258809.6 元。

（3）分项工程 A 的进度偏差 =194107.2−258809.6=−64702.4=−64702 元。

【或 A 工作的进度偏差 =[（300+300）−（400+400）]×280×（1+6%）×（1+9%）= −64702.4=−64702 元】。

分项工程 A 的进度拖后 64702 元。

3. 该工程的分项工程增减额计算：

（1）分项工程中，只有 B 分项工程的工程量发生改变，增加幅度 =（1200−1000）/ 1000×100%=20% ＞15%，因此超过部分的综合单价应调低。

（2）B 分项工程中超出 15% 以上的部分综合单价调整为 =380×0.9=342 元 /m^3。

（3）原价量 =1000×15%=150m^3。

（4）新价量 =1200−1000−150=50m^3。

（5）B 分项工程增价合同额 =（150×380+50×342）×（1+6%）×（1+9%）= 85615.14=85615 元。

【或 B 分项工程增加合同额 ={1000×15%×380+[（1200−1000）−150]×380×0.9}× （1+6%）×（1+9%）=74100×（1+6%）×（1+9%）=85615.14=85615 元】。

（6）即该工程的分项工程合同额增加 85615 元。

该工程的措施项目增减额计算：

（1）B 项目的单价措施费增加额 =36000×（1200−1000）/1000×（1+6%）×（1+ 9%）=8318.88=8319 元。

（2）安全文明施工费增加额 =（85615+8319）×5%=4696.7=4697 元。

（3）措施费增加额 =8319+4697=13016 元。

（4）即措施项目合同额增加 13016 元。

分包专业工程项目增减额计算：

（1）分包专业工程项目(含总承包服务费)减少额 =[（105000−120000）×（1+5%）]× （1+6%）×（1+9%）=−18197.55=−18198 元。

（2）即分包专业工程项目（含总承包服务费）合同额减少 18198 元。

4. 竣工结算价 =1444250+85615+13016−18198−80000×（1+6%）×（1+9%）= 1432251 元。

应支付给承包人的结算款 =1432251×（1−90%）=143225.1=143225 元。

第五章
建设工程进度控制

知识导学

考试涉及本章的采分点的重要程度依次为:

（1）关键线路和关键工作确定。

（2）双代号时标网络计划应用。

（3）网络计划中时差分析和利用。

（4）实际进度与计划进度比较方法。

（5）网络计划工期优化及计划调整。

（6）工程延期时间确定。

（7）流水施工进度计划。

本章的采分点主要围绕网络图来考核，同时也会结合索赔的内容来考核。由于这部分内容在考题中的几个问题有连贯性，因此，我们没有把问题拆分开，而是以一个完整的题目呈现给考生，考生掌握了这几个案例题的解决方法，应对考试就比较轻松了。

【案例1—202105】

【背景材料】 某工程项目，建设单位与施工单位按照《建设工程施工合同（示范文本）》签订施工合同，工期36个月。施工进度计划如图5-1所示。

施工过程中发生如下事件:

事件1：第2个月，施工中遇到勘察报告未提及的地下障碍物，需要补充勘察并修改设计，A工作延误1个月，B工作延误2.5个月，施工的机械设备闲置15万元，人员窝工损失12万元，施工单位提出工期顺延2.5个月，费用补偿27万元。

事件2：施工至第19个月末，进度检查发现，L工作拖后3个月，K工作正常，N工作拖后4个月。

事件3：第20个月初，建设单位要求施工单位按期完成工程，施工单位计划将R和S工作组织流水施工，R和S工作均分为3个施工段，流水节拍见表5-1。

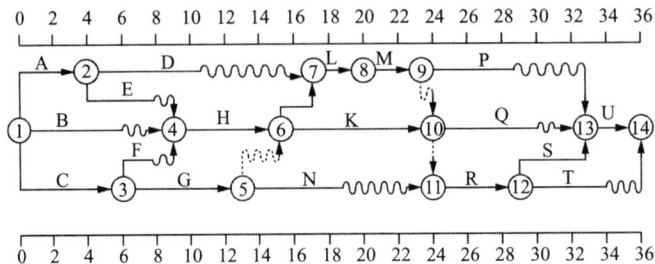

图 5-1　施工进度计划

流水节拍　　　　　　　　　　　　　　　　　　　　　　　　表 5-1

工作	流水节拍		
	①	②	③
R	2	2	1
S	1	1	2

【问题】

1. 针对事件 1，项目监理机构应批准的工期索赔和费用索赔各为多少？说明理由。

2. 事件 1 发生之后，请指出关键线路，计算 D 工作和 G 工作的总时差和自由时差。

3. 针对事件 2，请指出 L、K、N 工作拖后对总工期的影响，说明理由。

4. 针对事件 3，计算 R 和 S 工作的流水步距、流水工期，以及该工程项目的最终完工时间，说明理由。

【参考答案】

1. 工期索赔不成立。理由：A 工作有 1 个月总时差，延误 1 个月未超过其总时差，故不影响工期；B 工作有 3 个月总时差，延误 2.5 个月，未超过其总时差，故不影响工期。

费用索赔成立。理由：施工中遇到勘察报告未提及的地下障碍物属于建设单位应承担的责任，损失应由建设单位承担。

2. 发生事件 1 后，关键线路有两条 C—F—H—K—R—S—U；A—E—H—K—R—S—U。

D 工作：总时差 6 个月，自由时差 5 个月。G 工作：总时差 2 个月，自由时差 0。

3. L、K、N 工作拖后对总工期影响的判断：

L 工作：总时差 1 个月，拖后 3 个月，超过总时差 2 个月，故对总工期影响 2 个月。

K 工作：正常，对总工期没有影响。

N 工作：总时差 5 个月，拖后 4 个月，未超出其总时差，故对总工期没有影响。

4. 采用错位相减取大差法计算 R、S 工作的流水步距：

$$
\begin{array}{r}
2,\ 4,\ 5 \\
-\quad\ \ 1,\ 2,\ 4 \\
\hline
2\ \ 3\ \ 3\ -4
\end{array}
$$

$K=3$ 个月。

流水工期 $=3+1+1+2=7$ 个月。

考虑事件 2 时延误的 2 个月工期，R、S 工作，原计划工期 9 个月，现在组织流水施工后调整为 7 个月，缩短 2 个月，U 工作可以早开始 2 个月，综合考虑 P、Q 和 T 工作的总时差，工期可以缩短 2 个月，再考虑前期延误的 2 个月工期，最终完工时间仍为 36 个月。

【案例 2—202005】

【背景材料】 某工程，建设单位与施工单位按照《建设工程施工合同（示范文本）》签订了施工合同。经总监理工程师审核确认的施工总进度计划如图 5-2 所示，各项工作均按最早开始时间安排且匀速施工。

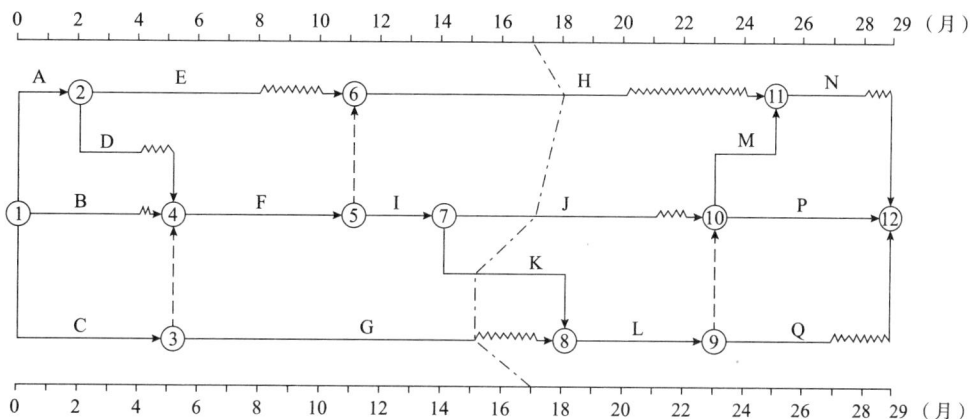

图 5-2　施工总进度计划

工程施工过程中发生如下事件：

事件 1：工程施工至第 3 个月，受百年一遇洪水灾害影响，工作 B 暂停施工 1 个月，工作 E 暂停施工 2 个月，造成施工现场的工程设备损失 30 万元、施工机械损失 50 万元、施工人员受伤医疗费用 5 万元。施工单位通过项目监理机构向建设单位提出工程延期 3 个月、费用补偿 85 万元的申请。

事件 2：因用于工作 F 的施工机械未能及时进场，致使工作 F 推 1 个月开始。建设单位要求施工单位按期完成工作 F，施工单位为此产生赶工费 25 万元。随后，施工单位通过项目监理机构向建设单位提出工程延期 1 个月、费用补偿 25 万元的申请。

事件 3：工程施工至第 17 个月末，项目监理机构检查进度后绘制的实际进度前锋线如图 5-2 所示。施工单位为确保工程按原计划工期完成，采取了赶工措施，相关工作赶工费率及可缩短时间，见表 5-2。

工作赶工费率及可缩短时间 表 5-2

工作名称	H	J	K	L	M	N	P	Q
赶工费率（万元/月）	25	8	30	28	12	15	15	13
可缩短时间（月）	0.5	2.0	0.5	1.0	1.0	1.0	2.0	2.0

【问题】

1. 针对事件 1，项目监理机构应批准工程延期和费用补偿各为多少？说明理由。

2. 针对事件 2，项目监理机构应批准工程延期和费用补偿各为多少？说明理由。

3. 针对事件 3，根据图 5-2 判断实际进度前锋线上各项工作的进度偏差，分别说明各项工作进度偏差对总工期的影响程度。

4. 针对事件 3，为达到赶工目的，应首先选择哪几项工作作为压缩对象？为使赶工费最少，应压缩哪几项工作的持续时间？各压缩多少个月？至少需要增加赶工费多少万元？

【参考答案】

1. 事件 1 中：

（1）项目监理机构不应批准工程延期。

理由：工作 B 暂停施工 1 个月不影响总工期；工作 E 暂停施工 2 个月不影响总工期。

（2）项目监理机构应批准费用补偿 30 万元。

理由：因不可抗力造成的工程设备损失 30 万元应由建设单位承担，即因不可抗力造成的施工机械损失 50 万元、施工人员受伤医疗费用 5 万元应由施工单位承担。

2. 事件 2 中：

项目监理机构不应批准工程延期和费用补偿。

理由：施工机械未能及时进场的责任应由施工单位承担。

3. 事件 3 中，根据施工总进度计划，可以看出：

（1）工作 H 提前 1 个月，不影响总工期。

（2）工作 J 进度正常，不影响总工期。

（3）工作 K 拖后 2 个月，影响总工期 2 个月。

（4）工作 G 已完成，不影响总工期。

4. 针对事件 3，为达到赶工目的，应首先选择 K、L、P 工作作为压缩对象。

为使赶工费最少，应压缩工作 P 的持续时间和工作 M 的持续时间；工作 P 压缩 2 个月；工作 M 压缩 1 个月。

至少需要增加赶工费 42 万元。

【案例 3—201905】

【背景材料】某工程，建设单位与施工单位按照《建设工程施工合同（示范文本）》签订了施工合同。总监理工程师批准的施工总进度计划如图 5-3 所示，各项工作均按最早开始时间安排且匀速施工。

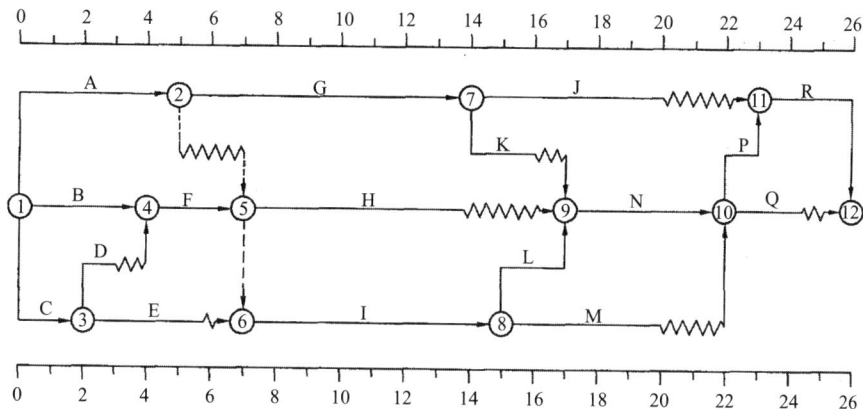

图 5-3　施工总进度计划（时间：月）

事件 1：工作 D 为基础开挖工程，施工中发现地下文物。为实施保护措施，施工单位暂停施工 1 个月，并发生费用 10 万元。为此，施工单位提出了工期索赔和费用索赔。

事件 2：工程施工至第 4 个月，由于建设单位要求的设计变更，导致工作 K 的工作时间增加 1 个月，工作 I 的工作时间缩短为 6 个月，费用增加 20 万元。施工单位据此调整了施工总进度计划，并报项目监理机构审核，总监理工程师批准了调整的施工总进度计划。此后，施工单位提出了工程延期 1 个月、费用补偿 20 万元的索赔。

事件 3：工程施工至第 18 个月末，项目监理机构根据上述调整后批准的施工总进度计划检查，各工作的实际进度为：工作 J 拖后 2 个月，工作 N 正常，工作 M 拖后 3 个月。

【问题】

1. 指出图 5-3 中所示施工总进度计划的关键线路及工作 A、H 的总时差和自由时差。

2. 针对事件 1，项目总监理机构应批准的工期索赔和费用索赔各为多少？说明理由。

3. 针对事件 2，项目监理机构应批准的工期索赔和费用索赔各为多少？说明理由。调整后的施工总进度计划中，工作 A 的总时差和自由时差是多少？

4. 针对事件 3，第 18 个月末，工作 J、N、M 实际进度对总工期有什么影响？说明理由。

【参考答案】

1. 图 5-3 中所示施工总进度计划的关键线路及工作 A、H 的总时差和自由时差：

（1）关键线路：B→F→I→L→N→P→R，或①→④→⑤→⑥→⑧→⑨→⑩→⑪→⑫。

（2）工作 A 的总时差：1 个月；自由时差：0 个月。

（3）工作 H 的总时差：3 个月；自由时差：3 个月。

2. 事件 1 中，项目监理机构不应批准工程延期；

理由：非关键工作 D 的总时差为 1 个月，工作暂停施工 1 个月，不影响总工期。

事件 1 中，项目监理机构应批准的费用索赔为 10 万元；

理由：在施工过程中发现地下文物，发包人、监理人和承包人应按有关政府行政管理部门要求采取妥善的保护措施，由此增加的费用由发包人承担。索赔事件是因非施工单位原因造成，项目总监理机构应批准的费用索赔为 10 万元。

3. 事件 2 中，项目监理机构应批准的工期索赔和费用索赔数量及理由：

（1）项目监理机构不应批准工程延期；

理由：如图 5-3 所示，在施工总进度计划中工作 K 有 1 个月的总时差，工作时间增加 1 个月并不影响总工期；工作 I 为关键工作，时间缩短 2 个月，关键线路变化为 A→G→K→N→P→R，总工期为 26 个月未受影响，故工期索赔不成立。

（2）项目监理机构应批准的费用索赔为 20 万元；

理由：建设单位要求的设计变更，由此增加的费用应由建设单位负责。

事件 2 中，调整后的施工总进度计划中，工作 A 是关键工作，总时差和自由时差均为 0。

4. 针对事件 3，第 18 个月末，工作 J、N、M 实际进度对总工期的影响及理由：

（1）工作 J 拖后 2 个月对总工期无影响；

理由：工作 J 为非关键工作，且有 3 个月的总时差，故拖后 2 个月不影响总工期。

（2）工作 N 对总工期无影响；

理由：工作 N 为关键工作，实际进度正常，未影响总工期。

（3）工作 M 拖后 3 个月对总工期无影响；

理由：工作 M 为非关键工作，调整后有 4 个月的总时差，拖后 3 个月使工作 M 的总时差变为 1 个月，未影响总工期。

【案例 4—201805】

【背景材料】某工程，建设单位与施工单位按照《建设工程施工合同（示范文本）》签订了施工合同。经总监理工程师批准的施工总进度计划如图 5-4 所示（时间：月），各工作均按最早开始时间安排且匀速施工。

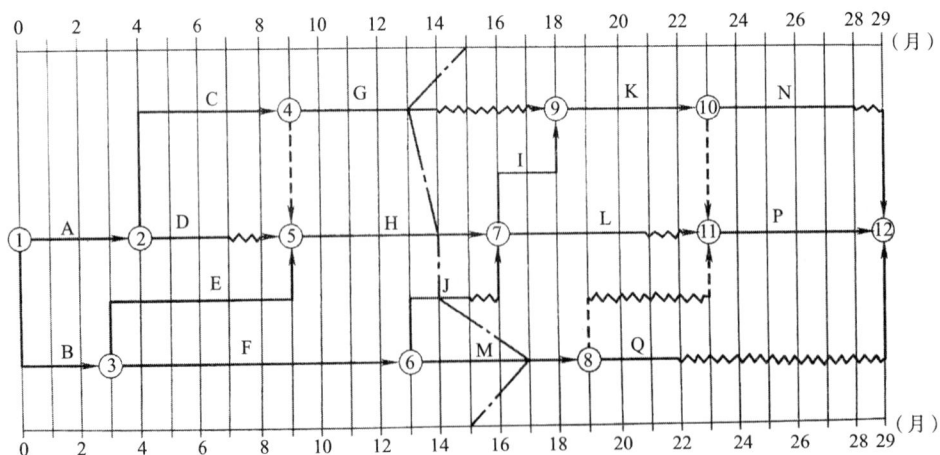

图 5-4　施工总进度计划

　　事件1：为加强施工进度控制，总监理工程师指派总监理工程师代表：①制订进度目标控制的防范性对策；②调配进度控制监理人员。

　　事件2：工作D开始后，由于建设单位未能及时提供施工图纸，使该工作暂停施工1个月。停工造成施工单位人员窝工损失8万元，施工机械台班闲置费15万元。为此，施工单位提出工程延期和费用补偿申请。

　　事件3：工程进行到第11个月遇强台风，造成工作G和H实际进度拖后，同时造成人员窝工损失60万元、施工机械闲置损失100万元、施工机械损坏损失110万元。由于台风影响，到第15个月末，实际进度前锋线如图5-4所示。为此，施工单位提出工程延期2个月和费用补偿270万元的索赔。

　　【问题】

　　1. 指出图5-4所示施工总进度计划的关键路线及工作F、M的总时差和自由时差。

　　2. 指出事件1中总监理工程师做法的不妥之处，说明理由。

　　3. 针对事件2，项目监理机构应批准的工程延期和费用补偿分别为多少？说明理由。

　　4. 根据图5-4所示前锋线，工作J和M的实际进度超前或拖后的时间分别是多少？对总工期是否有影响？

　　5. 事件3中，项目监理机构应批准的工程延期和费用补偿分别为多少？说明理由。

　　【参考答案】

　　1. 图5-4所示施工总进度计划的关键路线：A→C→H→I→K→P（或①→②→④→⑤→⑦→⑨→⑩→⑪→⑫）和B→E→H→I→K→P（或①→③→⑤→⑦→⑨→⑩→⑪→⑫）。

　　工作F的总时差为1个月，自由时差为0。

　　工作M的总时差为4个月，自由时差为0。

　　2. 事件1中总监理工程师做法的不妥之处：总监理工程师指派总监理工程师代表调配进度控制监理人员。

　　理由：根据《建设工程监理规范》规定，根据工程进展及监理工作情况调配监理人员属于总监理工程师不得委托给总监理工程师代表的工作之一。

　　3. 针对事件2，项目监理机构应批准的工程延期为0。

　　理由：工作D的总时差为2个月，工作暂停施工1个月，不影响总工期。

　　项目监理机构应批准的费用补偿：施工单位人员窝工损失8万元+施工机械台班闲置费15万元=23万元。

　　理由：建设单位原因导致施工单位的施工人员窝工、施工机械闲置应予以费用补偿。

　　4. 根据图5-4所示前锋线，工作J的实际进度拖后1个月。由于工作J的总时差为1个月，故对总工期无影响。

　　M的实际进度超前2个月。由于工作M为非关键工作，故对总工期无影响。

　　5. 事件3中，项目监理机构应批准的工程延期为1个月。

理由：第 15 个月末，实际进度前锋线所示，关键工作 H 推迟 1 个月，将会影响总工期 1 个月，其他工作延误时间均小于其总时差，对总工期不产生影响。

事件 3 中，项目监理机构应费用补偿为 0。

理由：强台风属于不可抗力，不可抗力期间的人员窝工、施工机械闲置、施工机械损坏均属于施工单位应当承担的责任，无须给予费用补偿。

【案例 5—201705】

【背景材料】某工程，建设单位与施工单位按照《建设工程施工合同（示范文本）》签订了施工合同，经项目监理机构批准的施工总进度计划如图 5-5 所示（时间单位：月），各项工作均按最早开始时间安排且匀速施工。

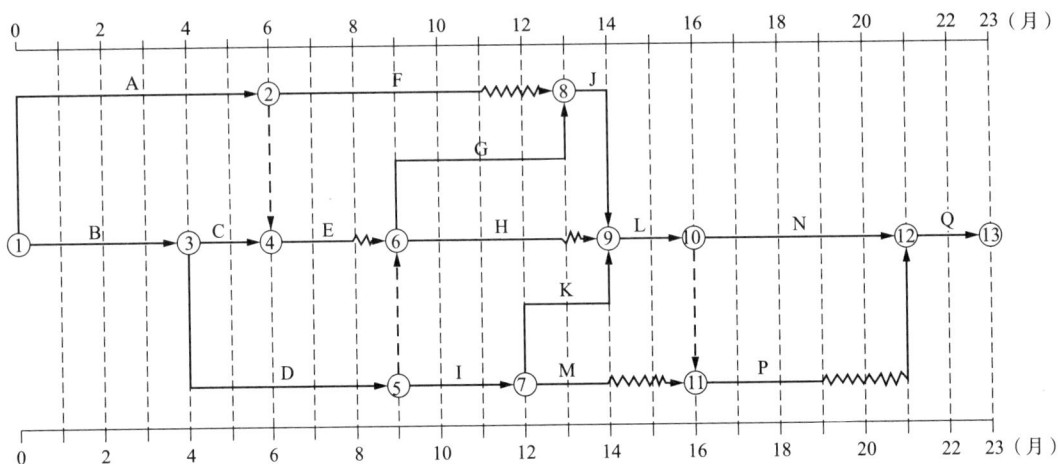

图 5-5　施工总进度计划

施工过程中发生如下事件：

事件 1：工作 A 为基础工程，施工中发现未探明的地下障碍物，处理障碍物导致工作 A 暂停施工 0.5 个月，施工单位机械闲置损失 12 万元，施工单位向项目监理机构提出工程延期和费用补偿申请。

事件 2：由于建设单位订购的工程设备未按照合同约定时间进场，使工作 J 推迟 2 个月开始，造成施工人员窝工损失 6 万元，施工单位向项目监理机构提出索赔，要求工期延期 2 个月，补偿费用 6 万元。

事件 3：事件 2 发生后，建设单位要求工程仍按原计划工期完工，为此，施工单位决定采取赶工措施，经确认，相关工作赶工费率及可缩短时间，见表 5-3。

工作赶工费率及可缩短事件				表 5-3
工作名称	L	N	P	Q
赶工费率（万元 / 月）	20	10	8	22
可缩短时间（月）	1	1.5	1	0.5

【问题】

1. 指出图 5-5 所示施工总进度计划的关键线路及工作 E、M 的总时差和自由时差。

2. 针对事件 1，项目监理机构应批准工程延期和费用补偿各为多少？说明理由。

3. 针对事件 2，项目监理机构应批准工程延期和费用补偿各为多少？说明理由。

4. 针对事件 3，为使赶工费用最少，应选哪几项工作进行压缩？说明理由。需要增加赶工费多少万元？

【参考答案】

1. 关键线路 B→D→I→K→L→N→Q、B→D→G→J→L→N→Q。

E 的总时差为 1 个月，自由时差为 1 个月。

M 的总时差为 4 个月，自由时差为 2 个月。

2. 项目监理机构不应批准工程延期。

理由：A 工作有 1 个月的总时差，停工 0.5 个月并不影响总工期，所以不存在工程延期的问题，项目监理机构不应批准工程延期。

项目监理机构应批准费用补偿 12 万元。

理由：施工中发现未探明地下障碍物，并非施工单位原因造成，由此而导致机械闲置损失 12 万元，造成了施工单位直接经济损失，如果施工单位能在施工合同约定的期限内提出费用索赔，则项目监理机构应批准其费用补偿 12 万元。

3. 项目监理机构应批准工程延期 2 个月。

理由：建设单位订购的工程设备未按照合同约定时间进场，导致 J 工作延期，属于建设单位责任，且 J 工作属于关键工作，J 工作延期 2 个月会造成工程延期 2 个月，因此，如果施工单位能在施工合同约定的期限内提出工期索赔，则项目监理机构理应批准工程延期 2 个月。

项目监理机构应批准费用补偿 6 万元。

理由：建设单位订购的工程设备未按照合同约定时间进场，导致施工单位窝工损失 6 万元，属于建设单位责任，因此，如果施工单位能在施工合同约定的期限内提出费用索赔，则项目监理机构理应批准费用补偿 6 万元。

4. 针对事件 3、为使赶工费用最少，应选 N、L 工作进行压缩。

理由：由于调整非关键工作不会影响总工期，因此，只能选择缩短 J 工作后面的关键工作共计两个月的时间，即缩短 L 工作、N 工作或者 Q 工作的时间。鉴于赶工费率：N＜L＜Q，因此，理应选择缩短 N 工作 1.5 个月、L 工作 0.5 个月。

增加的赶工费用 = 10×1.5＋20×0.5＝25 万元。

【案例 6】

【背景材料】某建筑工程项目，业主和施工单位按工程量清单计价方式和《建设工程施工合同（示范文本）》GF—2013—0201 签订了施工合同，合同工期为 15 个月。合同约定：管理费按人材机费用之和的 10% 计取，利润按人材机费用和管理费之和的 6% 计取，规费按人材机费用、管理费和利润之和的 4% 计取，增值税率为 11%；施工机械台班单价为 1500 元 / 台班，施工机械闲置补偿按施工机械台班单价的 60% 计取，人员窝工补偿为 50 元 / 工日，人工窝工补偿、施工待用材料损失补偿、机械闲置补偿不计取管理费和利润；措施费按分部分项工程费的 25% 计取。（各费用项目价格均不包含增值税可抵扣进项税额）

施工前，施工单位向项目监理机构提交并经确认的施工网络进度计划，如图 5-6 所示（每月按 30d 计）：

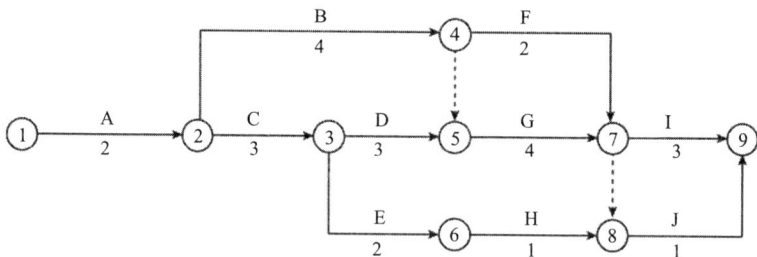

图 5-6　施工网络进度计划（单位：月）

该工程施工过程中发生如下事件：

事件 1：基坑开挖工作（A 工作）施工过程中，遇到了持续 10d 的季节性大雨，在第 11 天，大雨引发了附近的山体滑坡和泥石流。受此影响，施工现场的施工机械、施工材料、已开挖的基坑及围护支撑结构、施工办公设施等受损，部分施工人员受伤。

经施工单位和项目监理机构共同核实，该事件中，季节性大雨造成施工单位人员窝工 180 工日，机械闲置 60 个台班，山体滑坡和泥石流事件使 A 工作停工 30d，造成施工机械损失 8 万元，施工待用材料损失 24 万元，基坑及围护支撑结构损失 30 万元，施工办公设施损失 3 万元，施工人员受伤损失 2 万元。修复工作发生人材机费用共 21 万元。灾后，施工单位及时向项目监理机构提出费用索赔和工期延期 40d 的要求。

事件 2：基坑开挖工作（A 工作）完成后验槽时，发现基坑底部部分土质与地质勘察报告不符。地勘复查后，设计单位修改了基础工程设计，由此造成施工单位人员窝工 150 工日，机械闲置 20 个台班，修改后的基础分部工程增加人材机费用 25 万元。监理工程师批准 A 工作增加工期 30d。

事件 3：E 工作施工前，业主变更设计增加了一项 K 工作，K 工作持续时间为 2 个月。根据施工工艺关系，K 工作为 E 工作的紧后工作，为 I、J 工作的紧前工作。因 K 工作与原工程工作的内容和性质均不同，在已标价的工程量清单中没有适用也没有类似的项目，监理工程师编制了 K 工作的结算综合单价，经业主确认后，提交给施工单位作为结算的依据。

事件 4：考虑到上述 1 ～ 3 项事件对工期的影响，业主与施工单位约定，工程项目仍按原合同工期 15 个月完成，实际工期比原合同工期每提前 1 个月，奖励施工单位 30 万元。施工单位对进度计划进行了调整，将 D、G、I 工作的顺序施工组织方式改变为流水作业组织方式以缩短施工工期。组织流水作业的流水节拍，见表 5-4。

流水节拍（单位：月）　　　　　　　　　　　　　　　　　　　　表 5-4

施工过程	流水段		
	①	②	③
D	1	1	1
G	1	2	1
I	1	1	1

【问题】

1. 针对事件 1，确定施工单位和业主在山体滑坡和泥石流事件中各自应承担损失的内容；列式计算施工单位可以获得的费用补偿数额；确定项目监理机构应批准的工期延期天数，并说明理由。

2. 事件 2 中，应给施工单位的窝工补偿费用为多少万元？修改后的基础分部工程增加的工程造价为多少万元？

3. 针对事件 3，绘制批准 A 工作工期索赔和增加 K 工作后的施工网络进度计划；指出监理工程师做法的不妥之处，说明理由并写出正确做法。

4. 事件 4 中，在施工网络进度计划中，D、G、I 工作的流水工期为多少个月？施工单位可获得的工期提前奖励金额为多少万元？

（计算结果保留两位小数）

【参考答案】

1.（1）针对事件 1，确定施工单位和业主在山体滑坡和泥石流事件中各自应承担损失的内容如下：

①施工单位在山体滑坡和泥石流事件中应承担损失的内容：施工机械损失 8 万元；施工办公设施损失 3 万元；施工人员受伤损失 2 万元。

②业主在山体滑坡和泥石流事件中应承担损失的内容：施工待用材料损失 24 万元；基坑及围护支撑结构损失 30 万元；修复工作发生人材机费用共 21 万元。

（2）施工单位可以获得的费用补偿 =[24+30+21×（1+10%）×（1+6%）]×（1+4%）×（1+11%）=90.60 万元。

（3）项目监理机构应批准的工期延期天数为 30d。

理由：遇到了持续 10d 的季节性大雨属于有经验的承包商事前能够合理预见的，不可索赔。山体滑坡和泥石流事件属于不可抗力事件，且 A 是关键工作，工期损失 30d 应当顺延。

2. 事件 2 中，应给施工单位的窝工补偿费用 =（150×50+20×1500×60%）×

（1+4%）×（1+11%）=29437.2=2.94 万元。

修改后的基础分部工程增加的工程造价 =[25×（1+10%）×（1+6%）]×（1+25%）×（1+4%）×（1+11%）=42.06 万元。

3.（1）针对事件 3，批准 A 工作工期索赔和增加 K 工作后的施工网络进度计划，如图 5-7 所示。

图 5-7　批准后的施工网络进度计划（单位：月）

（2）监理工程师做法的不妥之处、理由及正确做法：

不妥之处：监理工程师编制了 K 工作的结算综合单价。

理由：《建设工程施工合同（示范文本）》GF—2013—0201 规定，新增工作综合单价的确定，应由发承包双方协商确定。

正确做法：已标价工程量清单中没有适用也没有类似于变更工程项目的，应根据变更工程资料、计量规则、计价办法、工程造价管理机构发布的信息价格和承包人报价浮动率，或通过市场调查等取得有合法依据的市场价格，由承包人提出变更工程项目的单价，报监理人审核，审核通过后报发包人确认调整。涉及措施费变化的也应相应调整。

4.（1）确定流水步距：大差法（累加斜减法）

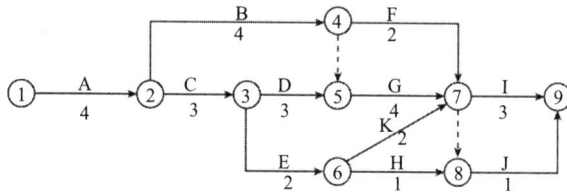

施工过程 D、G 流水步距 $K_{D,G}$=max{1，1，0，-4} 个月 =1 个月。

施工过程 G、I 流水步距 $K_{G,I}$=max{1，2，2，-3} 个月 =2 个月。

在施工网络进度计划和流水步距可知，I 工作为 D、G 工作的紧后工作，其步距共计（1+2）个月 =3 个月。又根据施工工艺关系，I 工作也是 E、K 工作的紧后工作，其步距共计（2+2）个月 =4 个月。因 D、E 工作同时施工，因此 I 工作与 D、E 工作的步距取最大值 4 个月，即 G、I 工作有技术间隙 Z=1 个月。

流水工期 T=（1+2）+（1+1+1）+1+0-0=7 个月。

（2）D、G、I 工作改成流水作业组织方式后，进度计划的关键线路是 A→C→E→K→I。实际工期 =（4+3+2+2+3）×30+10=430d，而合同工期为 15 个月，所以实际施工工期提前的天数 =15×30-430=20d。工期提前奖励标准为 30 万元 / 月，即 1 万元 / 天，施工单位共获奖励 =1 万元 /d×20d=20 万元。

【案例 7】

【背景材料】某工程项目，业主通过招标方式确定了承包商，双方采用工程量清单计价方式签订了施工合同。该工程共有 10 个分项工程，工期 150d，施工期为 3 月 3 日至 7 月 30 日。合同规定，工期每提前 1d，承包商可获得提前工期奖 1.2 万元；工期每拖后 1d，承包商承担逾期违约 1.5 万元。开工前承包商提交并经审批的施工进度计划，如图 5-8 所示。

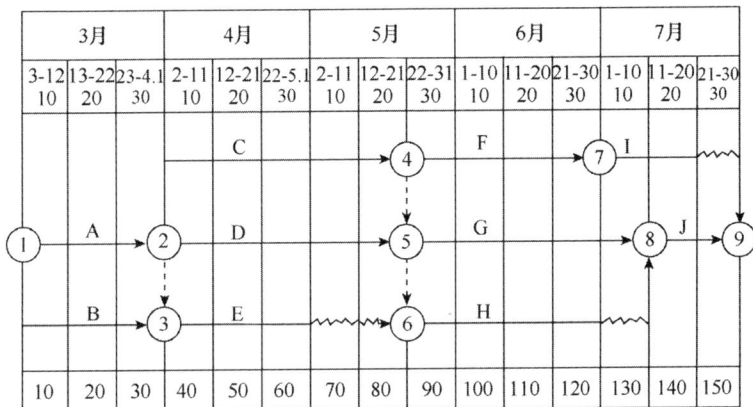

图 5-8　施工进度计划

该工程如期开工后，在施工过程中发生了经监理工程师核准的如下事件：

事件 1：3 月 6 日，由于业主提供的部分施工场地条件不充分，致使工作 B 作业时间拖延 4d，工人窝工 20 个工日，施工机械 B 闲置 5d（台班费：800 元 / 台班）。

事件 2：4 月 25 日 ~ 26 日，当地供电中断，导致工作 C 停工 2d，工人窝工 40 个工日，施工机械 C 闲置 2d（台班费：1000 元 / 台班）；工作 D 没有停工，但因停电改用手动机具替代原配动力机械 D 使工效降低，导致作业时间拖延 1d，增加用工 18 个工日，原配动力机械 D 闲置 2d（台班费：800 元 / 台班），增加手动机具使用 2d（台班费：500 元 / 台班）。

事件 3：按合同规定由业主负责采购且应于 5 月 22 日到场的材料，直到 5 月 26 日清晨才到场；5 月 24 日发生了脚手架倾倒事故，因处于停工待料状态，承包商未及时重新搭设；5 月 26 日上午承包商安排 10 名架子工重新搭设脚手架；5 月 27 日恢复正常作业，由此导致工作 F 持续停工 5d，该工作班组 20 名工人持续窝工 5d，施工机械 F 闲置 5d（台班费：1200 元 / 台班）。

截至 5 月末，其他工程内容的作业持续时间和费用均与原计划相符。承包商分别于 5 月 5 日（针对事件 1、2）和 6 月 10 日（针对事件 3）向监理人提出索赔。

机械台班均按每天一个台班计。

【问题】

1. 分别指出承包商针对三个事件提出的工期和费用索赔是否合理，并说明理由。

2. 对于能被受理的工期索赔事件，分别说明每项事件应被批准的工期索赔为多少天。如果该工程最终按原计划工期（150d）完成，承包商是可获得提前工期奖还是需承担逾期违约金？相应的数额是多少？

3. 该工程架子工日工资为 180 元／工日，其他工种工人日工资为 150 元／工日，人工窝工补偿标准为日工资的 50%；机械闲置补偿标准为台班费的 60%；管理费和利润的计算费率为人材机费用之和的 10%；规费和税金的计算费率为人材机费用、管理费与利润之和的 9%，计算应被批准的费用索赔为多少元。

4. 按照初始安排的施工进度计划，如果该工程进行到第 6 个月末时检查进度情况为：工作 F 完成 50% 的工作量；工作 G 完成 80% 的工作量；工作 H 完成 75% 的工作量；绘制实际进度前锋线，分析这三项工作进度有无偏差，并分别说明对工期的影响。

【参考答案】

1. 承包商针对事件 1 提出的工期和费用索赔不合理。

理由：《建设工程工程量清单计价规范》规定，承包人应在索赔事件发生后 28d 内，向发包人提交索赔意向通知书，说明发生索赔事件的事由。承包人逾期未发出索赔意向通知书的，丧失索赔的权利。本事件发生在 3 月 6 日，承包商 5 月 5 日才向监理人提出索赔。

承包商针对事件 2 提出的工期和费用索赔合理。

理由：停电是业主承担的风险，且超过了 8h，工作 C 和工作 D 属于关键工作，并造成了损失。

事件 3：5 月 22 日～5 月 25 日的工期不合理，费用索赔合理。

理由：5 月 22 日～5 月 25 日是业主采购材料未按时入场导致的延误，业主应承担风险；F 工作不是关键工作，且 F 工作有 10d 的总时差，停工 4d 未超出其总时差。

5 月 26 日的工期和费用索赔不合理。

理由：5 月 26 日的停工，是由于承包商未及时进行脚手架的搭设导致的，承包商自己承担由此造成的工期和费用的损失。

2. 工期索赔：事件 1：不能获得工期索赔，因为 B 拖延 4d 小于总时差 30d；

事件 2：C、D 都是关键工作，且两者是平行工作，工期索赔 2d；

事件 3：不能获得工期索赔，因为 F 的总时差 10d，大于延误的时间。

工期索赔 =2d。

承包商可获得工期提前奖励。

提前奖励 =（150+2-150）×1.2=2.4 万元。

3. 事件 1：窝工费用索赔：（20×150×50%+5×800×60%）×（1+9%）=4251.00 元。

超过索赔期限，费用索赔不能被监理工程师批准。

事件 2：窝工费用索赔：（40×150×50%+2×1000×60%）×（1+9%）=4578.00 元。

新增工作索赔：$(18 \times 150 + 2 \times 500) \times (1+10\%) \times (1+9\%) + (2 \times 800 \times 60\%) \times (1+9\%) = 5482.70$ 元。

事件3：$(4 \times 20 \times 150 \times 50\% + 4 \times 1200 \times 60\%) \times (1+9\%) = 9679.20$ 元。

应被批准的为：$4578 + 5482.7 + 9679.2 = 19739.9$ 元。

4.实际进度前锋线图如图5-9所示。

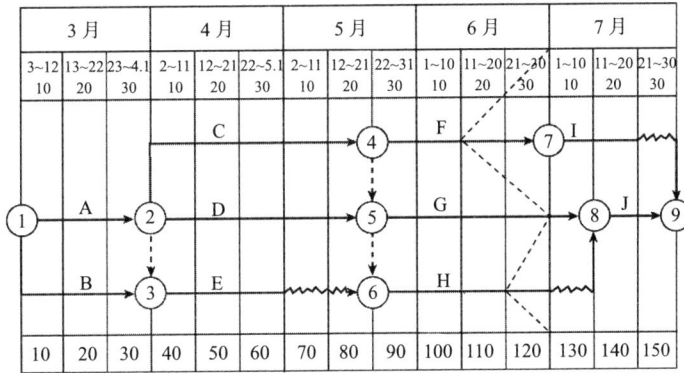

3 月			4 月			5 月			6 月			7 月		
3~12	13~22	23~4.1	2~11	12~21	22~5.1	2~11	12~21	22~31	1~10	11~20	21~30	1~10	11~20	21~30
10	20	30	10	20	30	10	20	30	10	20	30	10	20	30

图 5-9　实际进度前锋线图

工作F拖后20d，可能使工期延误10d。

工作G进度无偏差，不影响工期。

工作H拖后10d，不影响工期。

第六章
建设工程相关法规

知识导学

考试涉及本章的采分点的重要程度依次为：

（1）《建设工程监理规范》

（2）《中华人民共和国招标投标法》（简称《招标投标法》）

（3）《中华人民共和国招标投标法实施条例》（简称《招标投标法实施条例》）

（4）《危险性较大的分部分项工程安全管理规定》

（5）《建设工程质量管理条例》

（6）《建设工程安全生产管理条例》

（7）《中华人民共和国建筑法》（简称《建筑法》）

（8）《生产安全事故报告和调查处理条例》

（9）《建设工程监理合同（示范文本）》

（10）《建设工程施工合同（示范文本）》

（11）《中华人民共和国民法典》第三编合同（简称《民法典》第三编合同）

本章的采分点在这六章内容中是最主要的，每年的分值会有40分以上，2020年的分值达到了70分。尤其是《建设工程监理规范》是所有内容中最重要的采分点，2020年的分值达到了31分，通过这几个分值的分析，大家应该知道怎么学习了吧。

第一节　相关法律

一、《建筑法》

【案例1】

【背景资料】某工程，在开工前，建设单位于2021年6月10日向工程所在地县级以上人民政府建设行政主管部门申请领取施工许可证，建设行政主管部门经过审核，于 2021 年 6 月 25 日向建设单位颁发了施工许可证。

【问题】指出以上资料中的不妥之处并说明理由。申请领取施工许可证应当具备哪些条件？

【考点】《建筑法》第八条。

【参考答案】不妥之处：建设行政主管部门于 2021 年 6 月 25 日向建设单位颁发了施工许可证。理由：根据《建筑法》的规定，建设行政主管部门应当自收到申请之日起七日内，对符合条件的申请颁发施工许可证。

申请领取施工许可证，应当具备下列条件：

（1）已经办理该建筑工程用地批准手续；

（2）在城市规划区的建筑工程，已经取得规划许可证；

（3）需要拆迁的，其拆迁进度符合施工要求；

（4）已经确定建筑施工企业；

（5）有满足施工需要的施工图纸及技术资料；

（6）有保证工程质量和安全的具体措施；

（7）建设资金已经落实；

（8）法律、行政法规规定的其他条件。

【案例 2—20180402】

【背景资料】某工程的桩基工程和内装饰工程属于依法必须招标的暂估价分包工程，施工合同约定由施工单位负责招标。施工单位通过招标选择了 A 单位分包桩基工程施工。工程实施过程中发生如下事件：

事件 2：项目监理机构在巡视时发现，有 A、B 两家桩基工程施工单位在现场施工，经调查核实，为了保证施工进度，A 单位安排 B 单位进场施工，且 A、B 两家单位之间签了承包合同，承包合同中明确主楼区域外的桩基工程由 B 单位负责施工。

【问题】事件 2 中，A、B 两家单位之间签订的承包合同是否有效？说明理由。

【考点】建筑法关于"建筑工程承包"的规定。

【参考答案】事件 2 中，A、B 两家单位之间签订的承包合同无效。

理由：根据《建筑法》的规定，禁止分包单位将其承包的工程再分包。因此 A 单位不得将其所承揽的工程再分包，A、B 两家单位之间签订的承包合同也因此无效。

【案例 3—20130402】

【背景资料】某工程，监理单位承担了施工招标代理和施工监理任务。工程实施过程中发生如下事件：

事件 2：施工合同约定，空调机组由建设单位采购，由施工单位选择专业分包单位安装。空调机组订货时，生产厂商提出由其安装更能保证质量，且安装资格也符合国家要求。于是，建设单位要求施工单位与该生产厂商签订安装工程分包合同，但施工单位提出已与甲安装单位签订了安装工程分包合同。经协商，甲安装单位将部分安装工程分包给空调机组生产厂商。

【问题】分别指出事件2中建设单位和甲安装单位做法的不妥之处，说明理由。

【考点】建设单位、施工总承包单位、分包单位的责任和义务。

【参考答案】事件2中：

（1）建设单位做法的不妥之处：建设单位要求施工单位与该生产厂商签订安装工程分包合同。

理由：建设单位不得直接为施工总承包单位指定分包单位。

（2）甲安装单位做法的不妥之处：甲安装单位将部分安装工程分包给空调机组生产厂商。

理由：《建筑法》规定，禁止分包单位将其承包的工程再分包。

【案例4】

【背景资料】某工程，监理单位承担了施工监理任务，在实施监理前，建设单位将委托的工程监理单位书面通知了建筑施工企业。在监理实施过程中，工程监理人员认为基础工程施工不符合工程设计要求，要求建筑施工企业改正。工程监理人员在巡视过程中发现工程设计不符合建筑工程质量标准，要求设计单位改正。

【问题】在实施监理前，建设单位还需要将委托的哪些内容书面通知建筑施工企业？指出工程监理人员做法的不妥之处，并改正。

【考点】实施监理前的工作。

【参考答案】在实施监理前，建设单位还应当将委托的监理的内容及监理权限书面通知被监理的建筑施工企业。

不妥之处：工程监理人员在巡视过程中发现工程设计不符合建筑工程质量标准，要求设计单位改正。

改正：工程监理人员发现工程设计不符合建筑工程质量标准或者合同约定的质量要求的，应当报告建设单位要求设计单位改正。

【案例5】

【背景资料】某工程，建设单位与施工单位在安全生产管理方面约定如下：

（1）施工单位负责办理临时占用规划批准范围以外场地的申请批准手续；

（2）建设单位负责为职工参加工伤保险缴纳工伤保险费；

（3）建设单位负责施工现场的安全；

（4）建设单位负责办理需要临时停水、停电、中断道路交通的申请批准手续。

【问题】根据《建筑法》，逐条判断建设单位与施工单位的约定是否妥当？如不妥，请改正。

【考点】《建筑法》关于安全生产管理的规定。

【参考答案】逐条判断建设单位与施工单位的约定的妥当与否：

（1）不妥。正确做法：建设单位负责办理临时占用规划批准范围以外场地的申请批准手续。

（2）不妥。正确做法：施工单位负责为职工参加工伤保险缴纳工伤保险费。

（3）不妥。正确做法：施工单位负责施工现场的安全。

（4）妥当。

【案例6】

【背景资料】某工程，工程施工实行总承包模式，建设单位与总承包单位在质量管理方面约定如下：

（1）工程质量由工程总承包单位和分包单位分别负责；

（2）总承包单位对分包工程的质量不承担任何责任；

（3）分包单位应当接受建设单位的质量管理。

【问题】根据《建筑法》，逐条判断建设单位与总承包单位的约定是否妥当？如不妥，请改正。

【考点】《建筑法》关于质量管理的规定。

【参考答案】逐条判断建设单位与总承包单位的约定的妥当与否：

（1）不妥。正确做法：工程质量由工程总承包单位负责。

（2）不妥。正确做法：总承包单位应当对分包工程的质量与分包单位承担连带责任。

（3）不妥。正确做法：分包单位应当接受总承包单位的质量管理。

二、《民法典》第三编合同

【案例7—20020202】

【背景资料】某监理公司中标承担某项目施工监理及设备采购监理工作，该项目由A设计单位设计总承包、B施工单位施工总承包，其中幕墙工程的设计和施工任务分包给具有相应设计和施工资质的C公司，土方工程分包给D公司，主要设备由业主采购。

该项目总监理工程师组建了直线职能制监理组织机构，并分析了参建各方的关系，画出如图6-1所示的示意图。

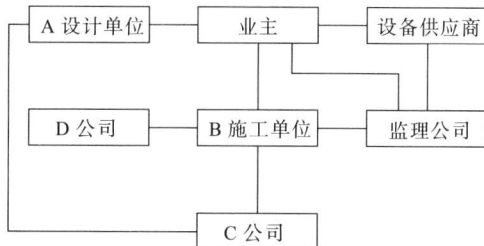

图6-1　直线职能制监理组织机构示意图

【问题】在图6-1所示的工程建设各方关系示意图上，标注各方之间关系（凡属合同关系的，按《合同法》注明是何种合同关系）。

【考点】合同关系。

【参考答案】本题考核合同法律制度中关于合同的分类。如图6-2所示。

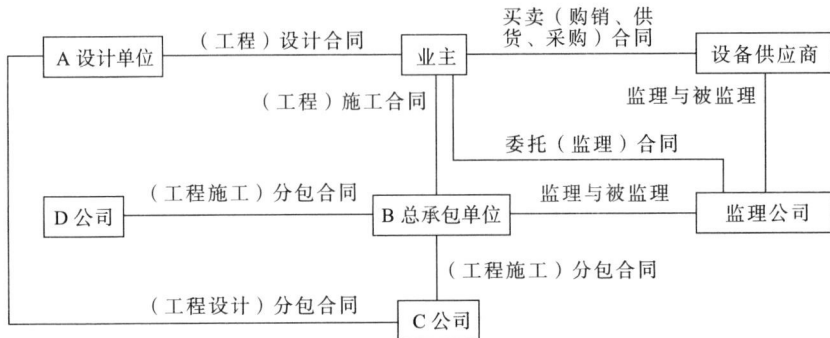

图6-2 合同法律制度—合同的分类

【案例8—20040301】

【背景资料】某监理单位承担了一工业项目的施工监理工作。经过招标，建设单位选择了甲、乙施工单位分别承担A、B标段工程的施工，并按照《建设工程施工合同（示范文本）》分别和甲、乙施工单位签订了施工合同。建设单位与乙施工单位在合同中约定，B标段所需的部分设备由建设单位负责采购。乙施工单位按照正常的程序将B标段的安装工程分包给丙施工单位。在施工过程中，发生了如下事件：

事件1：建设单位在采购B标段的锅炉设备时，设备生产厂商提出由自己的施工队伍进行安装更能保证质量，建设单位便与设备生产厂商签订了供货和安装合同并通知了监理单位和乙施工单位。

【问题】请画出建设单位开始设备采购之前该项目各主体之间的合同关系图。

【考点】合同关系。

【参考答案】建设单位开始设备采购之前该项目各主体之间的合同关系图，如图6-3所示。

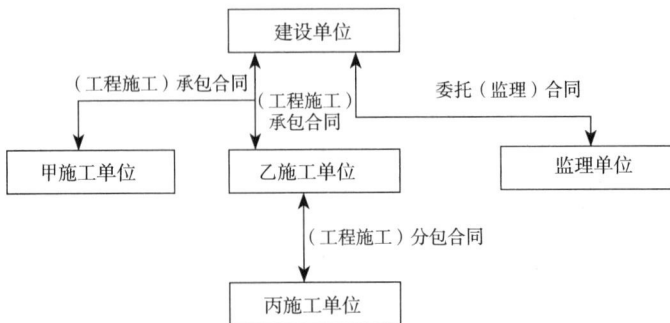

图6-3 设备采购之前该项目各主体之间的合同关系图

三、《招标投标法》

【案例9—20150405】

【背景资料】政府投资建设的某工程，施工合同约定：生产设备由建设单位直接向设备制造厂商采购；幕墙工程属于依法必须招标的暂估价分包项目，由施工合同双方共同招标确定专业分包单位；材料费中应包含技术保密费、专利费、技术资料费等。

工程实施过程中发生如下事件：

事件4：幕墙分包工程招标工作启动前，施工单位向项目监理机构提交的施工招标方案提出：①采用议标方式招标；②投标单位应有安全生产许可证和满足分包工程试验检测资质要求的自有试验室；③由中标单位与施工单位双方签订分包合同；④中标单位如不服从施工单位管理导致生产安全事故发生的，应承担主要责任。

【问题】指出事件4中招标方案的不妥之处，并说明理由。

【考点】招标方案。

【参考答案】事件4中招标方案的不妥之处及理由如下：

（1）不妥之处：采用议标方式招标。

理由：议标不属于法定招标方式。

（2）不妥之处：要求具备自有试验室。

理由：招标人不得以不合理的条件限制或者排斥潜在投标人，不得对潜在投标人实行歧视待遇。

（3）不妥之处：中标单位与施工单位双方签订分包合同。

理由：应由建设单位、施工单位和中标单位共同签订分包合同。

【案例10—20140201】

【背景资料】某工程分A、B两个监理标段同时进行招标，建设单位规定参与投标的监理单位只能选择A或B标段进行投标。工程实施过程中，发生如下事件：

事件1：在监理招标时，建设单位提出：

（1）投标人必须具有工程所在地域类似工程监理业绩；

（2）应组织外地投标人考察施工现场；

（3）投标有效期自投标人送达投标文件之日起算；

（4）委托监理单位有偿负责外部协调工作。

【问题】逐条指出事件1中建设单位的要求是否妥当，并对不妥之处说明理由。

【考点】招标程序。

【参考答案】主要考核考生对招标投标有关规定的掌握程度。

事件1中：

（1）不妥；理由：不得以特定行政区域的监理业绩限制潜在投标人。

（2）不妥；理由：没有组织所有投标人考察施工现场。

（3）不妥；理由：投标有效期应自投标截止之日起算。

（4）妥当。

【案例11—20100301】

【背景资料】某工程，建设单位委托监理单位承担施工招标代理和施工阶段监理工作，并采用无标底公开招标方式选定施工单位。工程实施过程中发生下列事件：

事件1：项目监理机构在组织评审A、B、C、D、E五家施工单位的投标文件时发现：A单位施工方案工艺落后，报价明显高于其他投标单位报价；B单位投标文件的关键内容字迹模糊、无法辨认；C单位投标文件符合招标文件要求；D单位的报价总额有误；E单位投标文件中某分部工程的报价有个别漏项。

【问题】事件1中A、B、D、E四家单位的投标文件是否有效？分别说明理由。

【考点】投标文件内容、要求及相关规定。

【参考答案】A施工单位的投标文件有效。

理由：只是技术的缺陷和报价方面的竞争力弱的表现，并没有不符合招标文件的要求。

B施工单位的投标文件无效。

理由：这是在开标时确定无效投标文件的情形。

D施工单位的投标文件有效。

理由：属于细微偏差。

E施工单位的投标文件有效。

理由：属于细微偏差。

【案例12—20020301】

【背景资料】某监理公司承担了一体育馆施工阶段（包括施工招标）的监理任务。经过施工招标，业主选定A工程公司为中标单位。在施工合同中双方约定，A工程公司将设备安装、配套工程和桩基工程的施工分别分包给B、C和D三家专业工程公司，业主负责采购设备。

该工程在施工招标和合同履行过程中发生了下述事件：

事件1：施工招标过程中共有6家公司竞标。其中F工程公司的投标文件在招标文件要求提交投标文件的截止时间后半小时送达；G工程公司的投标文件未密封。

【问题】针对事件1，评标委员会是否应该对这两家公司的投标文件进行评审？为什么？

【考点】投标文件评审。

【参考答案】（1）评标委员会对F工程公司的投标文件不予评审。

理由：按照招标投标法的规定，对于超过招标文件要求的提交投标文件的截止时间的投标文件，即逾期送达的投标文件视为废标，应予拒收。

（2）评标委员会对G工程公司的投标文件不予评审。

理由：按照招标投标法的规定，在开标时，如果发现投标文件未按照招标文件的要求予以密封，则作为无效投标文件，不再进入评标。

【案例 13—20210401】

【背景资料】某工程，建筑面积 12 万 m^2，计划工期 26 个月，工程估算价 4 亿元，建设单位委托工程监理单位进行施工招标和施工监理。实施过程中发生如下事件：

事件 1：监理单位起草施工招标文件时，建设单位提出以下要求：（1）投标单位必须有近 5 年建设面积 10 万 m^2 的同类工程业绩；（2）投标单位必须在本工程所在地具有同类工程业绩；（3）施工项目经理必须常驻现场，未经建设单位同意不得更换项目经理；（4）设置最高投标限价和最低投标限价；（5）投标单位的投标保证金为 1000 万元；（6）联合体中标的，由联合体代表与建设单位签订合同。

【问题】指出事件 1 中建设单位要求的不妥之处，说明理由。

【考点】《招标投标法》第 31 条与《招标投标法实施条例》第 26、27、32 条。

【参考答案】事件 1 中建设单位要求的不妥之处及理由：

（1）不妥之处：投标单位必须在本工程所在地具有同类工程业绩。

理由：招标人不得以不合理的条件限制或者排斥潜在投标人，不得对潜在投标人实行歧视待遇。

（2）不妥之处：设置最高投标限价和最低投标限价。

理由：招标人不得规定最低投标限价。

（3）不妥之处：投标单位的投标保证金为 1000 万元。

理由：投标保证金不得超过招标项目估算价的 2%。

（4）不妥之处：联合体中标的，由联合体代表与建设单位签订合同。

理由：联合体中标的，联合体各方应当共同与招标人签订合同。

【案例 14—20200401】

【背景资料】某依法必须招标的工程，建设单位采用公开招标方式选定施工单位，有 A、B、C、D、E、F、G 7 家施工单位通过了资格预审。实施过程中发生如下事件：

事件 1：在设计评标委员会组成方案时，建设单位提出：评标委员会由 7 人组成；建设单位主要负责人作为评标委员会主任委员另指定建设单位的 2 位专家作为评标委员会成员，其余 4 位评标专家从依法建立的专家库中随机抽取。

【问题】针对事件 1，指出建设单位所提要求的不妥之处，说明理由。

【考点】评标委员会组成。

【参考答案】针对事件 1，指出建设单位所提要求的不妥之处及理由：

（1）不妥之处一：建设单位主要负责人作为评标委员会主任委员。

理由：根据《招标投标法（2017 修正）》，评标委员会主任委员应由评标委员会专家选举产生，不应由建设单位指定。

（2）不妥之处二：另指定两位建设单位专家参加评标委员会。

理由：根据《招标投标法（2017 修正）》，从评标专家库中随机抽取的专家人数不足评标委员总数的 2/3，即建设单位专家人数超过评标委员总数的 1/3。

【案例 15—20090201】

【背景资料】某实行监理的工程，实施过程中发生下列事件：

事件 1：建设单位于 2005 年 11 月底向中标的监理单位发出监理中标通知书，监理中标价为 280 万元；建设单位与监理单位协商后，于 2006 年 1 月 10 日签订了委托监理合同。监理合同约定：合同价为 260 万元；因非监理单位原因导致监理服务期延长，每延长一个月增加监理费 8 万元；监理服务自合同签订之日起开始，服务期 26 个月。

建设单位通过招标确定了施工单位，并与施工单位签订了施工承包合同，合同约定：开工日期为 2006 年 2 月 10 日，施工总工期为 24 个月。

【问题】指出事件 1 中建设单位作法的不妥之处，写出正确做法。

【考点】《招标投标法》中关于签订合同的规定。

【参考答案】事件 1 中建设单位的不妥之处：

（1）不妥之处：建设单位与监理单位经协商后确定合同价为 260 万元。

正确做法：应以中标价 280 万元作为合同价。

（2）不妥之处：建设单位与监理单位协商后于 2006 年 1 月 10 日签订委托监理合同。

正确做法：应在中标通知书发出后的 30d 内（即 2005 年 12 月底）订立书面合同。

第二节　相关行政法规

一、《建设工程质量管理条例》

【案例 1—20070203】

【背景资料】政府投资的某工程，某监理单位承担了该工程施工招标代理和施工监理任务，该工程采用无标底公开招标方式选定施工单位。工程实施中发生了下列事件：

事件 3：开工前，总监理工程师召开了第一次工地会议，并要求 G 单位及时办理施工许可证，确定工程水准点，坐标控制点，按政府有关规定及时办理施工噪声和环境保护相关手续。

【问题】指出事件 3 中总监理工程师做法的不妥之处，写出正确做法。

【考点】各参与单位的职责。

【参考答案】事件 3 中总监理工程师做法的不妥之处：

（1）不妥之处：总监理工程师组织召开第一次工地会议。

正确做法：由建设单位组织召开。

（2）不妥之处：要求施工单位办理施工许可证。

正确做法：由建设单位办理。

（3）不妥之处：要求施工单位及时确定水准点与坐标控制点。

正确做法：由建设单位（监理单位）确定。

【案例2—20080402】

【背景资料】某工程，建设单位委托监理单位实施施工阶段监理，按照施工总承包合同约定，建设单位负责空调设备和部分工程材料的采购，施工总承包单位选择桩基施工和设备安装两家分包单位。

在施工过程中，发生如下事件：

事件2：专业监理工程师对使用商品混凝土的现浇结构验收时，发现施工现场混凝土试块的强度不合格。施工单位认为，建设单位提供的商品混凝土质量存在问题；建设单位认为，商品混凝土质量证明资料表明混凝土质量没有问题。经法定检测机构对现浇结构的实体进行检测，结果为商品混凝土质量不合格。

【问题】针对事件2中现浇结构的质量问题，建设单位、监理单位和施工总承包单位是否应承担责任？说明理由。

【考点】《建设工程质量管理条例》中所规定的各方责任。

【参考答案】针对事件2中现浇结构的质量问题，建设单位应承担责任。理由：建设单位提供的商品混凝土质量存在问题。

针对事件2中现浇结构的质量问题，监理单位不应承担责任。理由：监理单位履行了职责。

针对事件2中现浇结构的质量问题，施工总承包单位不应承担责任。理由：建设单位提供的商品混凝土质量与证明材料不符。

【案例3】

【背景资料】某工程，实施过程中发生如下事件：

事件1：施工单位在基础施工过程中发现某处设计图纸有问题，由施工单位技术负责人修改后继续施工。

事件2：某涉及结构安全的试块，施工人员在施工单位项目技术负责人的监督下现场取样送检测机构检测。

【问题】根据《建设工程质量管理条例》，分析事件1和2是否存在不妥？如不妥，写出正确做法。

【考点】施工单位的质量责任与义务。

【参考答案】事件1不妥。正确做法：施工单位不得擅自修改设计，应当及时提出建议和意见。

事件2不妥。正确做法：应该在工程监理单位的监督下现场取样送检测机构检测。

【案例4—20190304】

【背景资料】某工程，实施过程中发生如下事件：

事件4：在工程验收后，施工单位向建设单位提交了工程质量保修书，工程质量保修书中所列的内容如下：

（1）基础设施工程、房屋建筑的地基基础工程和主体结构工程，为设计文件规定的该工程合理使用年限。

（2）屋面防水工程、有防水要求的卫生间、房间和外墙面的防渗漏的保修期为3年。

（3）供热与供冷系统的保修期为3个供暖期、供冷期。

（4）电气管道、给水排水管道、设备安装和装修工程的保修期为2年。

【问题】针对事件4，指出施工单位向建设单位提交工程质量保修书有什么不妥？写出正确做法。工程质量保修书中所列内容是否妥当？并说明理由。

【考点】工程质量保修。

【参考答案】针对事件4的不妥之处：施工单位在工程验收后向建设单位提交工程质量保修。

正确做法：应为施工单位向建设单位提交工程竣工验收报告的时，提交工程质量保修书。

工程质量保修书中所列内容妥当与否的判定：（1）妥当，符合《建设工程质量管理条例》的规定；（2）不妥当，低于最低保修期限5年的要求；（3）妥当，高于最低保修期2个供暖、供暖期的要求；（4）不妥当，低于最低保修期限2年的要求。

【案例5—20160104】

【背景资料】某工程，实施过程中发生如下事件：

事件4：工程竣工验收前，施工单位提交的工程质量保修书中确定的保修期限如下：（1）地基基础工程为5年；（2）屋面防水工程为2年；（3）供热系统为2个供暖期；（4）装修工程为2年。

【问题】针对事件4，逐条指出施工单位确定的保修期限是否妥当，不妥之处说明理由。

【考点】建设工程最低保修期限。

【参考答案】针对事件4，施工单位确定的保修期限是否妥当的判断及理由如下：

（1）地基基础工程保修期限为5年，不妥。

理由：基础设施工程、房屋建筑的地基基础工程和主体结构工程的保修期限，为设计文件规定的该工程合理使用年限。

（2）屋面防水工程保修期限为2年，不妥。

理由：屋面防水工程的保修期限，为5年。

（3）供热系统保修期限为2个供暖期，妥当。

理由：供热与供冷系统的保修期限，为2个供暖期、供冷期。

（4）装修工程为2年，妥当。

理由：电气管道、给水排水管道、设备安装和装修工程的保修期限，为2年。

【案例6—20130404】

【背景资料】某工程，监理单位承担了施工招标代理和施工监理任务。工程实施过程中发生如下事件：

事件4：工程完工时，施工单位提出主体结构工程的保修期限为20年，并待工程竣工验收合格后向建设单位出具工程质量保修书。

【问题】根据《建设工程质量管理条例》，事件4中施工单位的说法有哪些不妥之处？说明理由。

【考点】《建设工程质量管理条例》中有关保修的内容。

【参考答案】根据《建设工程质量管理条例》，事件4中施工单位说法的不妥之处及理由：

（1）不妥之处：施工单位提出主体结构工程的保修期限为20年。

理由：《建设工程质量管理条例》规定，在正常使用条件下，基础设施工程、房屋建筑的地基基础工程和主体工程的最低保修期限为设计文件规定的该工程的合理使用年限。

（2）不妥之处：施工单位提出待工程竣工验收合格后向建设单位出具工程质量保修书。

理由：《建设工程质量管理条例》规定，建设工程承包单位在向建设单位提交工程竣工验收报告时，应当向建设单位出具质量保修书。

【案例7—20050304-05】

【背景资料】某工程，建设单位与甲施工单位按照《建设工程施工合同（示范文本）》签订了施工合同。经建设单位同意，甲施工单位选择了乙施工单位作为分包单位。在合同履行中，发生了如下事件：

事件4：甲施工单位向建设单位提交了工程竣工验收报告后，建设单位于2003年9月20日组织勘察、设计、施工、监理等单位竣工验收，工程竣工验收通过，各单位分别签署了质量合格文件。建设单位于2004年3月办理了工程竣工备案。因使用需要，建设单位于2003年10月初要求乙施工单位按其示意图在已验收合格的承重墙上开车库门洞，并于2003年10月底正式将该工程投入使用。2005年2月该工程给水排水管道大量漏水，经监理单位组织检查，确认是因开车库门洞施工时破坏了承重结构所致。建设单位认为工程还在保修期，要求甲施工单位无偿修理。建设行政主管部门对责任单位进行了处罚。

【问题】1. 根据《建设工程质量管理条例》，指出事件4中建设单位做法的不妥之处，说明理由。

2. 根据《建设工程质量管理条例》，建设行政主管部门是否应该对建设单位、监理单位、甲施工单位和乙施工单位进行处罚？并说明理由。

【考点】《建设工程质量管理条例》中有关验收、备案及保修职责、处罚。

【参考答案】1. 根据《建设工程质量管理条例》，事件4中建设单位做法的不妥之处和理由：

（1）不妥之处：工程竣工未按时限备案；理由：建设单位应在工程竣工验收合格后15日内备案。

（2）不妥之处：建设单位要求乙施工单位在承重墙上按示意图开车库门洞；理由：在承重墙上开车库门洞应经原设计单位或具有相应资质等级的设计单位提出设计方案。

2. 根据《建设工程质量管理条例》，建设行政主管部门是否应该对建设单位、监理单位、甲施工单位和乙施工单位进行处罚的判断：

（1）对建设单位应予处罚；理由：未按时备案，擅自在承重墙上开车库门洞。

（2）对监理单位不应处罚；理由：监理单位无过错。

（3）对甲施工单位不应处罚；理由：甲施工单位无过错。

（4）对乙施工单位应予处罚；理由：无设计方案施工。

二、《建设工程安全生产管理条例》

【案例 8—20170204】

【背景资料】某工程，参照定额工期确定的合理工期为 1 年，建设单位与施工单位按此签订施工合同，工程实施过程中发生如下事件：

事件 3：为使工程提前完工投入使用，建设单位要求施工单位提前 3 个月竣工。于是，施工单位在主体结构施工中未执行原施工方案，提前拆除混凝土结构模板。专业监理工程师为此发出《监理通知单》，要求施工单位整改。施工单位以工期紧、气温高和混凝土能达到拆模强度为由回复。专业监理工程师不再坚持整改要求，因气温骤降，导致施工单位在拆除第五层结构模板时混凝土强度不足，发生了结构坍塌安全事故，造成 2 人死亡、9 人重伤和 1100 万元的直接经济损失。

【问题】针对事件 3 的安全事故，分别指出建设单位、监理单位、施工单位是否有责任，说明理由。

【考点】工程参建各方中建设单位、监理单位和施工单位的安全责任。

【参考答案】建设单位、监理单位、施工单位的责任：

（1）建设单位有责任。

理由：发包人应当依据相关工程的工期定额合理计算工期，压缩的工期天数不得超过定额工期的 20%。该工程依据定额工期确定的合理工期为 1 年，建设单位要求施工单位提前 3 个月竣工，超过 20%，不合理。

（2）监理单位有责任。

理由：监理单位发现工程安全隐患要求施工单位整改，这是监理单位的分内职责，施工单位拒不整改的，监理工程师可以向建设单位和有关主管部门报告。在责任期内，监理工程师不按照监理合同约定履行监理职责，给建设单位或其他单位造成损失的，应承担违约责任。

（3）施工单位有责任。

理由：施工单位应当修订进度计划及为保证工程质量和安全采取的赶工措施，而不是违反施工技术规范标准组织施工。

【案例 9—20090202】

【背景资料】某实行监理的工程，实施过程中发生下列事件：

事件 2：由于吊装作业危险性较大，施工项目部编制了专项施工方案，并送现场监理员签收。吊装作业前，吊车司机使用风速仪检测到风力过大，拒绝进行吊装作业。施工项目经理便安排另一名吊车司机进行吊装作业，监理员发现后立即向专业监理工程师汇报，该专业监理工程师回答说：这是施工单位内部的事情。

【问题】指出事件2中专业监理工程师的不妥之处，写出正确做法。

【考点】《建设工程安全生产管理条例》中关于监理单位安全生产管理职责。

【参考答案】事件2中专业监理工程师的不妥之处：对违章进行吊装作业置之不理。

正确做法：专业监理工程师应及时下达监理工程师通知，要求停止吊装作业。

【案例10—20120103】

【背景资料】某实施监理的工程，监理合同履行过程中发生以下事件。

事件3：项目监理机构履行安全生产管理的监理职责，审查了施工单位报送的安全生产相关资料。

【问题】事件3中，根据《建设工程安全生产管理条例》，项目监理机构应审查施工单位报送资料中的哪些内容？

【考点】监理职责。

【参考答案】根据《建设工程安全生产管理条例》，项目监理机构应审查施工单位报送的施工组织设计中的安全技术措施、安全专项施工方案是否符合工程建设强制性标准要求。

【案例11—20130202】

【背景资料】某工程，建设单位与施工总包单位按《建设工程施工合同（示范文本）》签订了施工合同。工程实施过程中发生如下事件：

事件2：施工总包单位按施工合同约定，将装饰工程分包给甲装饰分包单位。在装饰工程施工中，项目监理机构发现工程部分区域的装饰工程由乙装饰分包单位施工。经查实，施工总包单位为按时完工，擅自将部分装饰工程分包给乙装饰分包单位。

【问题】写出项目监理机构对事件2的处理程序。

【考点】建设工程安全监理的工作程序。

【参考答案】项目监理机构对事件2的处理程序：

（1）总监理工程师签发工程暂停令，停止乙装饰分包单位的施工，并同时报告建设单位；

（2）要求总包单位提供乙装饰分包单位资质材料，经审核符合要求可以继续施工，否则责令退出施工现场；

（3）经有资质的法定检测机构对已装修部位的工程质量进行鉴定，合格者予以验收，不合格者应进行处理；

（4）具备恢复施工条件后，由总包单位申请复工，经总监理工程师审核达到复工要求时，下达复工令；

（5）将处理结果报告建设单位。

【案例 12—20110304】

【背景资料】某实施监理的工程，甲施工单位选择乙施工单位分包基坑支护土方开挖工程。

施工过程中发生如下事件：

事件 4：甲施工单位为便于管理，将施工人员的集体宿舍安排在本工程尚未竣工验收的地下车库内。

【问题】指出事件 4 中甲施工单位的做法是否妥当，说明理由。

【考点】安全生产管理的规定。

【参考答案】事件 4 中甲施工单位的做法不妥。

理由：依据《建设工程安全生产管理条例》，施工单位不得在工程尚未竣工验收的建筑物内设置员工集体宿舍安置。

【案例 13—20060203】

【背景资料】某工程，建设单位委托监理单位承担施工阶段的监理任务，总承包单位按照施工合同约定选择了设备安装分包单位。在合同履行过程中发生如下事件：

事件 2：专业监理工程师检查主体结构施工时，发现总承包单位在未向项目监理机构报审危险性较大的预制构件起重吊装专项方案的情况下已自行施工，且现场没有管理人员。于是，总监理工程师下达了《监理通知单》。

【问题】指出事件 2 中总监理工程师的做法是否妥当？说明理由。

【考点】专项施工方案的管理规定及专职安全生产管理人员要求。

【参考答案】事件 2 中总监理工程师的做法不妥。

理由：承包单位起重吊装专项方案没有报审，现场没有专职安全生产管理人员，依据《建设工程安全生产管理条例》，总监理工程师应下达《工程暂停令》，并及时报告建设单位。

【案例 14—20100302】

【背景资料】某工程，建设单位委托监理单位承担施工招标代理和施工阶段监理工作，并采用无标底公开招标方式选定施工单位。工程实施过程中发生下列事件：

事件 2：为确保深基坑开挖工程的施工安全，施工项目经理亲自兼任施工现场的安全生产管理员。为赶工期，施工单位在报审深基坑开挖工程专项施工方案的同时即开始该基坑开挖。

【问题】指出事件 2 中施工单位做法的不妥之处，写出正确做法。

【考点】《建设工程安全生产管理条例》关于质量责任和义务的规定。

【参考答案】事件 2 中施工单位做法的不妥之处与正确做法。

（1）不妥之处：施工项目经理兼任施工现场安全生产管理员。

正确做法：施工现场应配备专职的安全生产管理员。

（2）不妥之处：深基坑开挖专项施工方案审批的同时就开挖。

正确做法：深基坑开挖专项施工方案应经过专家论证和审查，并经施工单位技术负责人和总监理工程师签字后开挖。

【案例 15—20110302】

【背景资料】某实施监理的工程，甲施工单位选择乙施工单位分包基坑支护土方开挖工程。

施工过程中发生如下事件：

事件2：为赶工期，甲施工单位调整了土方开挖方案，并按约定程序进行了调整，总监理工程师在现场发现乙施工单位未按调整后的土方开挖方案施工并造成围护结构变形超限，立即向甲施工单位签发《工程暂停令》，同时报告了建设单位。乙施工单位未执行指令仍继续施工，总监理工程师及时报告了有关主管部门，后因围护结构变形过大引发了基坑局部坍塌事故。

【问题】根据《建设工程安全生产管理条例》，分析事件2中甲、乙施工单位和监理单位对基坑局部坍塌事故应承担的责任，说明理由。

【考点】《建设工程安全生产管理条例》关于分包的安全责任。

【参考答案】根据《建设工程安全生产管理条例》，事件2中甲、乙施工单位和监理单位对基坑局部坍塌事故应承担的责任及理由：

（1）甲施工单位和乙施工单位对事故承担连带责任，由乙施工单位承担主要责任。

理由：甲施工单位属于总承包单位，乙施工单位属于分包单位，他们对分包工程的安全生产承担连带责任；分包单位不服从管理导致的生产安全事故的，由分包单位承担主要责任。

（2）监理单位承担监理责任。

理由：监理单位在现场对乙施工单位未按调整后的土方开挖方案施工的行为及时向甲施工单位签发《工程暂停令》，同时报告了建设单位，已履行了应尽的职责。按照《建设工程安全生产管理条例》和合同约定，对本次安全生产事故不承担责任。

【案例 16—20090203】

【背景资料】某实行监理的工程，实施过程中发生下列事件：

事件2：由于吊装作业危险性较大，施工项目部编制了专项施工方案，并送现场监理员签收。吊装作业前，吊车司机使用风速仪检测到风力过大，拒绝进行吊装作业。施工项目经理便安排另一名吊车司机进行吊装作业，监理员发现后立即向专业监理工程师汇报，该专业监理工程师回答说：这是施工单位内部的事情。

事件3：监理员将施工项目部编制的专项施工方案交给总监理工程师后，发现现场吊装作业吊车发生故障。为了不影响进度，施工项目经理调来另一台吊车，该吊车比施工方案确定的吊车吨位稍小，但经安全检测可以使用。监理员立即将此事向总监理工程师汇报，总监理工程师以专项施工方案未经审查批准就实施为由，签发了停止吊装作业的指令。施工项目经理签收暂停令后，仍要求施工人员继续进行吊装。总监理工程师报告了建设单位，建设单位负责人称工期紧迫，要求总监理工程师收回吊装作业暂停令。

【问题】指出事件 2 和事件 3 中施工项目经理在吊装作业中的不妥之处，写出正确做法。

【考点】《建设工程安全生产管理条例》中施工单位安全生产管理职责。

【参考答案】事件 2 中项目经理在吊装作业中的不妥之处：在风力过大的情况下安排吊车司机进行吊装作业。

正确做法：不应安排吊装作业。

事件 3 中项目经理在吊装作业中的不妥之处：在未经审核批准专项施工方案的前提下，要求施工人员进行吊装作业。

正确做法：专项施工方案经施工单位技术负责人、总监理工程师签字后才可进行吊装作业。

【案例 17—20130304 】

【背景资料】某工程，实施过程中发生如下事件：

事件 4：专业监理工程师巡视时发现，施工单位未按批准的大跨度屋盖模板支撑体系专项施工方案组织施工，随即报告总监理工程师。总监理工程师征得建设单位同意后，及时下达了《工程暂停令》，要求施工单位停工整改。为赶工期，施工单位未停工整改仍继续施工。于是，总监理工程师书面报告了政府有关主管部门。书面报告发出的当天，屋盖模板支撑体系整体坍塌，造成人员伤亡。

【问题】根据《建设工程安全生产管理条例》，指出事件 4 中施工单位和监理单位是否应承担责任？说明理由。

【考点】《建设工程安全生产管理条例》中有关参与单位的安全责任和义务。

【参考答案】根据《建设工程安全生产管理条例》，施工单位应承担责任。

理由：施工单位不服从监理单位管理，拒绝执行监理单位《工程暂停令》，违章作业，不按照审核施工方案施工，导致的生产安全事故的，施工单位应承担全部责任。

根据《建设工程安全生产管理条例》，监理单位不承担责任。

理由：监理单位按照法律法规和工程建设强制性标准实施监理，及时发现施工单位违章作业，下达了《工程暂停令》，及时通知了建设单位，施工单位拒不整改，项目监理机构已及时向有关主管部门报告。项目监理机构已履行了监理职责。

【案例 18—20210302 】

【背景资料】某工程，实施过程中发生如下事件：

事件 2：监理人员巡视时发现以下情况：（1）施工项目技术负责人兼任安全员；（2）本工程已完工的地下一层有工人居住；（3）正在使用的脚手架连墙件被拆除。

【问题】针对事件 2，指出施工单位的不妥之处，说明理由。

【考点】《建设工程安全生产管理条例》第二十三、二十九条。

【参考答案】（1）施工项目技术负责人兼任安全员不妥。理由：施工单位应当设立安全生产管理机构，配备专职安全生产管理人员。

（2）本工程已完工的地下一层有工人居住不妥。理由：施工单位不得在尚未竣工的建筑物内设置员工集体宿舍。

（3）正在使用的脚手架连墙件被拆除不妥。理由：连墙件必须随脚手架逐层拆除，严禁将正在使用的脚手架连墙件拆除。

【案例19—20080304】

【背景资料】某工程，建设单位委托监理单位承担施工阶段监理任务。

在施工过程中，发生如下事件：

事件2：专业监理工程师在检查混凝土试块强度报告时，发现下部结构有一个检验批内的混凝土试块强度不合格，经法定检测单位对相应部位实体进行测定，强度未达到设计要求。经设计单位验算，实体强度不能满足结构安全的要求。

事件3：对于事件2，相关单位提出了加固处理方案得到参建各方的确认。施工单位为赶工期，采用了未经项目监理机构审批的下部结构加固、上部结构同时施工的方案进行施工。总监理工程师发现后及时签发了《工程暂停令》，施工单位未执行总监理工程师的指令继续施工，造成上部结构倒塌，导致现场施工人员1死2伤的安全事故。

【问题】按《建设工程安全生产管理条例》的规定，分析事件3中监理单位、施工单位的法律责任。

【考点】《建设工程安全生产管理条例》所规定的各方责任。

【参考答案】按《建设工程安全生产管理条例》的规定，事件3中监理单位不承担法律责任。施工单位的法律责任是：作业人员不服管理、违反规章制度和操作规程冒险作业造成重大伤亡事故或者其他严重后果，构成犯罪的，依照刑法有关规定追究刑事责任。施工单位的主要负责人、项目负责人有违法行为，尚不够刑事处罚的，处2万元以上20万元以下的罚款或者按照管理权限给予撤职处分；自刑罚执行完毕或者受处分之日起，5年内不得担任任何施工单位的主要负责人、项目负责人。

【案例20—20180202】

【背景资料】某工程，实施过程中发生如下事件：

事件2：对于深基坑工程，施工项目经理将组织编写的专项施工方案直接报送项目监理机构审核的同时，即开始组织基坑开挖。

【问题】指出事件2中的不妥之处，写出正确做法。

【考点】《建设工程安全生产管理条例》中关于专项施工方案报送的程序。

【参考答案】事件2中的不妥之处及正确做法：

（1）不妥之处一：对于深基坑工程，施工项目经理将组织编写的专项施工方案直接报送项目监理机构审核。

正确做法：项目经理应将深基坑专项施工方案报送给施工单位技术、安全管理部门，施工单位应当组织专家进行论证、审查，经过专家审查的专项施工方案需经施工单位技术负责人签字，附安全验算结果和专家审查意见，报送监理机构审查。

（2）不妥之处二：专项施工方案直接报送项目监理机构审核的同时，即开始组织基坑开挖。

正确做法：专项施工方案经总监理工程师签字后方可实施。建设工程施工前，施工单位负责项目管理的技术人员应当对有关安全施工的技术要求向施工作业班组、作业人员作出详细说明，并由双方签字确认。施工时由专职安全生产管理人员进行现场监督。

【案例 21—20140405】

【背景资料】某工程，实施过程中发生如下事件：

事件 5：施工单位按照合同约定将电梯安装分包给专业安装公司，并在分包合同中明确电梯安装安全由分包单位负全责。电梯安装时，分包单位拆除了电梯井口防护栏并设置了警告标志，施工单位要求分包单位设置临时护栏。分包单位为便于施工未予设置，造成 1 名施工人员不慎掉入电梯井导致重伤。

【问题】事件 5 中，写出施工单位的不妥之处。指出施工单位和分包单位对施工人员重伤事故各承担什么责任？

【考点】《建设工程安全生产管理条例》中关于施工单位的安全责任。

【参考答案】事件 5 中，施工单位的不妥之处、施工单位和分包单位对施工人员重伤事故各承担的责任：

（1）施工单位不妥之处：分包合同中明确电梯安装安全由分包单位负全责。

（2）事故承担的责任：分包单位应承担主要责任；施工单位应承担连带责任。

【案例 22—20060202】

【背景资料】某工程，建设单位委托监理单位承担施工阶段的监理任务，总承包单位按照施工合同约定选择了设备安装分包单位。在合同履行过程中发生如下事件：

事件 2：专业监理工程师检查主体结构施工时，发现总承包单位在未向项目监理机构报审危险性较大的预制构件起重吊装专项方案的情况下已自行施工，且现场没有管理人员。于是，总监理工程师下达了《监理通知单》。

【问题】根据《建设工程安全生产管理条例》规定，事件 2 中起重吊装专项方案需经哪些人签字后方可实施？

【考点】专项施工方案编审程序。

【参考答案】根据《建设工程安全生产管理条例》规定，事件 2 中起重吊装专项方案需经总承包单位技术负责人、总监理工程师签字后方可实施。

三、《生产安全事故报告和调查处理条例》

【案例 23—20200205】

【背景资料】某工程，实施过程中发生如下事件：

事件 5：在塔式起重机拆除过程中发生了生产安全事故，造成 4 人死亡、5 人重伤，直接经济损失 1200 万元。事故发生后，施工单位立即报告了建设单位和有关主管部门，总监理工程师立即签发了工程暂停令，并指挥施工单位开展应急抢险工作。事故发生

2h 后，总监理工程师向监理单位负责人报告了事故情况。

【问题】针对事件5，判别生产安全事故等级。

【考点】生产安全事故等级判别。

【参考答案】本案例中，在塔式起重机拆除过程中发生了生产安全事故，造成4人死亡、5人重伤，直接经济损失1200万元。因此发生的生产安全事故等级为较大事故。

【案例24—20200205】

【背景资料】某工程，实施过程中发生如下事件：

事件5：在塔式起重机拆除过程中发生了生产安全事故，造成4人死亡、5人重伤，直接经济损失1200万元。事故发生后，施工单位立即报告了建设单位和有关主管部门，总监理工程师立即签发了工程暂停令，并指挥施工单位开展应急抢险工作。事故发生2h后，总监理工程师向监理单位负责人报告了事故情况。

【问题】针对事件5，指出总监理工程师做法的不妥之处，说明理由。

【考点】事故报告。

【参考答案】总监理工程师做法的不妥之处：总监理工程师在事故发生2h后向监理单位负责人报告。

理由：根据有关规定，总监理工程师应在事故发生后立即向监理单位负责人报告。

【案例25】

【背景资料】某工程，实施过程中发生事故，该事故造成12人死亡、30人重伤，直接经济损失3200万元。事故发生后，各单位均按要求逐级上报事故情况。

【问题】判别该事故的生产安全事故等级。该事故应逐级上报到哪些部门？该事故应该由哪级政府负责调查？

【考点】事故上报。

【参考答案】该事故的生产安全事故等级为重大事故。该事故应逐级上报至国务院安全生产监督管理部门和负有安全生产监督管理职责的有关部门。该事故应该由事故发生地省级人民政府负责调查。

【案例26】

【背景资料】某工程，实施过程中发生事故，该事故被判定为较大事故，在事故发生后，成立了事故调查组，该事故调查组的组长由建设单位法定代表人承担。

【问题】该事故调查组组长的选定是否不妥？如不妥，请改正。事故调查组一般由哪些人员组成？

【考点】事故调查组。

【参考答案】该事故调查组组长的选定不妥。正确做法：由负责事故调查的人民政府指定。事故调查组一般由有关人民政府、安全生产监督管理部门、负有安全生产监督管理职责的有关部门、监察机关、公安机关以及工会派人组成，并应当邀请人民检察院派人参加。事故调查组可以聘请有关专家参与调查。

四、《招标投标法实施条例》

【案例27】

【背景资料】某国有资金投资建设项目，采用公开招标方式进行施工招标，业主委托具有相应招标代理和造价咨询资质的中介机构编制了招标文件和招标控制价。

该项目招标文件包括如下规定：

（1）招标人不组织项目现场勘查活动。

（2）投标人对招标文件有异议的，应当在投标截止时间10日前提出，否则招标人将拒绝回复。

【问题】请逐一分析项目招标文件包括的（1）~（2）项规定是否妥当，并分别说明理由。

【考点】《招标投标法实施条例》第二十二条。

【参考答案】项目招标文件包括的（1）~（2）项规定是否妥当的判断及理由：

（1）招标人不组织项目现场勘查活动，妥当。

理由：依据《招标投标法》第二十一条规定，招标人根据招标项目的具体情况，可以组织潜在投标人踏勘项目现场。因此招标人可以不组织项目现场勘查活动。

（2）投标人对招标文件有异议的，应当在投标截止时间10日前提出，否则招标人将拒绝回复，妥当。

理由：依据《招标投标法实施条例》第二十二条规定，潜在投标人或者其他利害关系人对资格预审文件有异议的，应当在提交资格预审申请文件截止时间2日前提出；对招标文件有异议的，应当在投标截止时间10日前提出。招标人应当自收到异议之日起3日内作出答复；作出答复前，应当暂停招标投标活动。

【案例28】

【背景资料】某国有资金投资建设项目，采用公开招标方式进行施工招标，业主委托具有相应招标代理和造价咨询资质的中介机构编制了招标文件和招标控制价。

在项目的投标及评标过程中发生了以下事件：

事件1：投标人A为外地企业，对项目所在区域不熟悉，向招标人申请希望招标人安排一名工作人员陪同踏勘现场，招标人同意安排一位普通工作人员陪同投标人A踏勘现场。

【问题】事件1中，招标人的做法是否妥当？并说明理由。

【考点】《招标投标法实施条例》第二十八条。

【参考答案】事件1中，招标人的做法不妥。

理由：依据《招标投标法实施条例》第二十八条规定，招标人不得组织单个或者部分潜在投标人踏勘项目现场。因此招标人不能安排一名工作人员陪同勘查现场。

【案例29】

【背景资料】某开发区国有资金投资办公楼建设项目，业主委托具有相应招标代理和造价咨询资质的机构编制了招标文件和招标控制价，并采用公开招标方式进行项目施工招标。

该项目招标公告和招标文件中的部分规定如下：

（1）招标人不接受联合体投标。

（2）投标人必须是国有企业或进入开发区合格承包商信息库的企业。

（3）投标人报价高于最高投标限价和低于最低投标限价的，均按废标处理。

（4）投标保证金的有效期应当超出投标有效期 30d。

【问题】根据招标投标法及其实施条例，逐一分析项目招标公告和招标文件中（1）～（4）项规定是否妥当？并分别说明理由。

【考点】招标公告和招标文件。

【参考答案】项目招标公告和招标文件中（1）～（4）项规定是否妥当的判断及理由：

第（1）项规定妥当。理由：《招标投标法实施条例》规定，招标人应当在资格预审公告、招标公告或者投标邀请书中载明是否接受联合体投标。

第（2）项规定不妥当。理由：《招标投标法实施条例》规定，招标人不得以不合理的条件限制、排斥潜在投标人或者投标人。

第（3）项规定不妥当。理由：《招标投标法实施条例》规定，招标人不得规定最低投标限价，可以规定最高投标限价。

第（4）项规定妥当。理由：《招标投标法实施条例》规定，投标保证金有效期应当与投标有效期一致。

【案例 30—20160401】

【背景资料】某工程，建设单位委托监理单位承担施工招标代理和施工监理任务，工程实施过程中发生如下时间：

事件 1：因工程技术复杂，该工程拟分两阶段招标。招标前，建设单位提出如下要求：

（1）投标人应在第一阶段投标截止日前提交投标保证金；

（2）投标人应在第一阶段提交的技术建议书中明确相应的投标报价；

（3）参加第二阶段投标人必须在第一阶段提交技术建议书的投标人中产生；

（4）第二阶段的投标评审应将商务标作为主要评审内容。

【问题】逐项指出事件 1 中建设单位的要求是否妥当，说明理由。

【考点】《招标投标法实施条例》第三十条。

【参考答案】事件 1 中建设单位的要求是否妥当的判断及理由如下：

（1）投标人应在第一阶段投标截止日前提交投标保证金，不妥。

理由：招标人要求投标人提交投标保证金的，应当在第二阶段提出。

（2）投标人应在第一阶段提交的技术建议书中明确相应的投标报价，不妥。

理由：第一阶段，投标人按照招标公告或者投标邀请书的要求提交不带报价的技术建议，招标人根据投标人提交的技术建议确定技术标准和要求，编制招标文件。

（3）参加第二阶段投标人必须在第一阶段提交技术建议书的投标人中产生，妥当。

理由：因为在第一阶段被淘汰的技术标，不允许修改标书后参加第二阶段的投标。

（4）第二阶段的投标评审应将商务标作为主要评审内容，妥当。

理由：因第二阶段的技术标与商务标不能同时启封，先开技术标评选后，再重点评审商务标。

【案例 31】

【背景资料】某国有资金投资依法必须公开招标的某建设项目，采用工程量清单计价方式进行施工招标，招标控制价为 3568 万元，其中暂列金额 280 万元。投标过程中，投标人 F 在开标前 1h 口头告知招标人，撤回了已提交的投标文件，要求招标人 3 日内退还其投标保证金。

【问题】请指出投标人 F 行为的不妥之处，并说明理由。

【考点】《招标投标法实施条例》第三十五条。

【参考答案】投标人 F 行为的不妥之处及理由：

（1）不妥之处一：投标人 F 在开标前 1h 口头告知招标人。

理由：投标人撤回已提交的投标文件，应当在投标截止时间前书面通知招标人。

（2）不妥之处二：要求招标人 3 日内退还其投标保证金。

理由：投标人已收取投标保证金的，应当自收到投标人书面撤回通知之日起 5 日内退还。

【案例 32】

【背景资料】某国有资金投资建设项目，采用公开招标方式进行施工招标，业主委托具有相应招标代理和造价咨询资质的中介机构编制了招标文件和招标控制价。

事件 2：清标发现，投标人 A 和投标人 B 的总价和所有分部分项工程综合单价均相差相同的比例。

【问题】针对事件 2，评标委员会应该如何处理？并说明理由。

【考点】《招标投标法实施条例》第四十条。

【参考答案】针对事件 2，评标委员会应该将投标人 A 和投标人 B 的投标文件作为废标处理。

理由：依据《招标投标法实施条例》第四十条的规定，不同投标人的投标文件异常一致或者投标报价呈规律性差异，视为投标人相互串通投标。因此应该将投标人 A 和投标人 B 的投标文件作为废标处理。

【案例 33—20200403】

【背景资料】某依法必须招标的工程，建设单位采用公开招标方式选定施工单位，有 A、B、C、D、E、F、G 7 家施工单位通过了资格预审。实施过程中发生如下事件：

事件 3：开标后，B 单位向招标人递交了投标报价修正函，将原投标报价降低 265.32 万元。招标人接收后要求评标委员会据此评标。

【问题】指出事件 3 中的不妥之处，说明理由。

【考点】投标报价修正函的有效性。

【参考答案】事件 3 中：

（1）开标后投标人递交（招标人接收）报价修正函不妥。

理由：开标后招标人不应接收投标人的报价修正函。

（2）招标人要求根据开标后递交的报价修正函评标不妥。

理由：开标后递交的报价修正函无效，不应作为评标依据。

【案例 34】

【背景资料】某国有资金投资建设项目，采用公开招标方式进行施工招标，业主委托具有相应招标代理和造价咨询资质的中介机构编制了招标文件和招标控制价。

在项目的投标及评标过程中发生了以下事件：

事件 4：评标委员会某成员认为投标人 D 与招标人曾经在多个项目上合作过，从有利于招标人的角度，建议优先选择投标人 D 为中标候选人。

【问题】事件 4 中，该评标委员会成员的做法是否妥当？并说明理由。

【考点】《招标投标法实施条例》第四十九条。

【参考答案】事件 4 中，该评标委员会成员的做法不妥。

理由：依据《招标投标法实施条例》第四十九条规定，评标委员会成员应当依照招标投标法和本条例的规定，按照招标文件规定的评标标准和方法，客观、公正地对投标文件提出评审意见。招标文件没有规定的评标标准和方法不得作为评标的依据。评标委员会成员不得私下接触投标人，不得收受投标人给予的财物或者其他好处，不得向招标人征询确定中标人的意向，不得接受任何单位或者个人明示或者暗示提出的倾向或者排斥特定投标人的要求，不得有其他不客观、不公正履行职务的行为。

【案例 35—20200402】

【背景资料】某依法必须招标的工程，建设单位采用公开招标方式选定施工单位，有 A、B、C、D、E、F、G 7 家施工单位通过了资格预审。实施过程中发生如下事件：

事件 2：施工招标文件规定，9 月 17 日上午 9：00 开标，投标保证金为 75 万元。开标时经核查发现：① D 单位的投标保证金分两次交纳，分别是 9 月 16 日交纳 70 万元，9 月 17 日 9：05 交纳 5 万元；② F 单位投标文件的密封破损；③ G 单位委托代理人的授权委托书未经法定代表人签章。

【问题】事件 2 中，分别指出 D 单位、F 单位和 G 单位的投标文件是否有效？说明理由。

【考点】投标文件有效性的判断。

【参考答案】事件 2 中：

（1）① D 单位投标文件无效。理由：投标截止时间前未足额交纳投标保证金。

（2）② F 单位投标文件无效。理由：投标文件应密封完整，不得破损。

（3）③ G 单位投标文件无效。理由：委托代理人的授权委托书应由法定代表人签章。

【案例 36】

【背景资料】 某省属高校投资建设一幢建筑面积 30000m² 的普通教学楼，拟采用工程量清单以公开招标方式进行施工招标。业主委托具有相应招标代理和造价咨询资质的某咨询企业编制招标文件和最高投标限价（该项目的最高投标限价为 5000 万元）。

咨询企业编制招标文件和最高投标限价过程中，发生如下事件：

事件 1：为了响应业主对潜在投标人择优选择的高要求，咨询企业的项目经理在招标文件中设置了以下几项内容：

（1）投标人资格条件之一为：投标人近 5 年必须承担过高校教学楼工程；

（2）投标人近 5 年获得过鲁班奖、本省省级质量奖等奖项作为加分条件；

（3）项目的投标保证金为 75 万元，且投标保证金必须从投标企业基本账户转出；

（4）中标人履约保证金为最高投标限价的 10%。

【问题】 针对事件 1，逐一指出咨询企业项目经理为响应业主要求提出的（1）～（4）项内容是否妥当，并说明理由。

【考点】 招标文件。

【参考答案】（1）不妥当。

理由：根据《招标投标法实施条例》的相关规定，招标人不得以不合理条件限制或排斥投标人。

（2）不妥当。

理由：根据《招标投标法实施条例》的相关规定，以本省省级质量奖项作为加分条件属于不合理条件限制或排斥投标人。依法必须进行招标的项目，其招标投标活动不受地区或者部门的限制。任何单位和个人不得违法限制或者排斥本地区、本系统以外的法人或者其他组织参加投标，不得以任何方式非法干涉招标投标活动。

（3）妥当。

理由：根据《招标投标法实施条例》的相关规定，招标人在招标文件中要求投标人提交投标保证金，投标保证金不得超过招标项目估算价的 2%，且投标保证金必须从投标人的基本账户转出。投标保证金有效期应当与投标有效期一致。

（4）不妥当。

理由：根据《招标投标法实施条例》的相关规定，招标文件要求中标人提交履约保证金的，中标人应当按照招标文件的要求提交，履约保证金不得超过中标合同价的 10%。

五、《危险性较大的分部分项工程安全管理规定》

【案例 37】

【背景资料】 某工程属于危大工程，建设单位在勘察文件中说明地质条件可能造成的工程风险。设计单位在设计文件中注明了涉及危大工程的重点部位和环节。施工单位在申请办理安全监督手续时，应当提交危大工程清单及其安全管理措施等资料。施工单位在投标时列出危大工程清单。

【问题】根据《危险性较大的分部分项工程安全管理规定》，判断各单位的做法是否妥当？不妥当的写出正确做法。

【考点】《危险性较大的分部分项工程安全管理规定》第六、七、九条。

【参考答案】各单位的做法是否妥当的判断：

建设单位在勘察文件中说明地质条件可能造成的工程风险不妥。正确做法：勘察单位在勘察文件中说明地质条件可能造成的工程风险。

设计单位在设计文件中注明了涉及危大工程的重点部位和环节妥当。

施工单位在申请办理安全监督手续时，应当提交危大工程清单及其安全管理措施等资料不妥。正确做法：应由建设单位在申请办理安全监督手续。

施工单位在投标时列出危大工程清单不妥。正确做法：施工单位在投标时补充完善危大工程清单并明确相应的安全管理措施。

【案例38—20200301】

【背景资料】某工程，甲施工单位按合同约定将开挖深度为5m的深基坑工程分包给乙施工单位。工程实施过程中发生如下事件：

事件1：乙施工单位编制的深基坑工程专项施工方案经项目经理审核签字后报甲施工单位审批，甲施工单位认为该深基坑工程已超过一定规模，要求乙施工单位组织召开专项施工方案专家论证会，并派甲施工单位技术负责人以论证专家身份参加专家论证会。

【问题】根据《危险性较大的分部分项工程安全管理规定》，指出事件1中的不妥之处，写出正确做法。

【考点】《危险性较大的分部分项工程安全管理规定》第十一、十二条。

【参考答案】事件1中的不妥之处及正确做法：

（1）不妥之处一：乙施工单位编制深基坑专项施工方案经项目经理审核签字后，报甲施工单位审批。

正确做法：专项施工方案后，应由乙施工单位的技术负责人审核签字并加盖单位公章后，再报甲施工单位审批。

（2）不妥之处二：甲施工单位要求乙施工单位组织召开专家论证会。

正确做法：甲、乙施工单位技术负责人均应审核签字并加盖单位公章，报总监理工程师审查签字并加盖执业印章后，由甲施工单位组织召开专家论证会。

（3）不妥之处三：甲施工单位技术负责人以论证专家身份参加专家论证会。

正确做法：参建各方的人员可以参加专家论证会，但不得以专家的身份参加。

【案例39—20200302】

【背景资料】某工程，甲施工单位按合同约定将开挖深度为5m的深基坑工程分包给乙施工单位。工程实施过程中发生如下事件：

事件 2：深基坑工程专项施工方案经专家论证，需要进行修改。乙施工单位项目经理根据专家论证报告中的意见对专项施工方案进行修改完善后立即组织实施。

【问题】根据《危险性较大的分部分项工程安全管理规定》指出事件 2 中的不妥之处，写出正确做法。

【考点】《危险性较大的分部分项工程安全管理规定》第十三条。

【参考答案】事件 2 中的不妥之处及正确做法：

不妥之处：乙施工单位项目经理根据专家论证报告中的意见对专项施工方案进行修改完善后立即组织实施。

正确做法：修改完善后的专项施工方案应由乙施工单位技术负责人和甲施工单位技术负责人审核签字、加盖公章，并由总监理工程师审查签字、加盖公章后方可实施。

【案例 40—20050201】

【背景资料】某工程，建设单位将土建工程、安装工程分别发包给甲、乙两家施工单位。在合同履行过程中发生了如下事件。

事件 1：项目监理机构在审查土建工程施工组织设计时，认为脚手架工程危险性较大，要求甲施工单位编制脚手架工程专项施工方案。甲施工单位项目经理部编制了专项施工方案，凭以往经验进行了安全估算，认为方案可行，并安排质量检查员兼任施工现场安全员工作，遂将方案报送总监理工程师签认。

【问题】指出事件 1 中脚手架工程专项施工方案编制和报审过程中的不妥之处，写出正确做法。

【考点】《危险性较大的分部分项工程安全管理规定》第十一条。

【参考答案】事件 1 中脚手架工程专项施工方案编制和报审过程中的不妥之处：

（1）不妥之处：凭以往经验进行安全估算。

正确做法：应进行安全验算。

（2）不妥之处：质量检查员兼任施工现场安全员工作。

正确做法：应配备专职安全生产管理人员。

（3）不妥之处：遂将专项施工方案报送总监理工程师签认。

正确做法：专项施工方案应先经甲施工单位技术负责人签认。

【案例 41】

【背景资料】某工程，承重支撑体系采用钢结构安装满堂支撑体系，且承受单点集中荷载 10kN。施工单位应当在施工现场显著位置公告危大工程名称和具体责任人员。

【问题】施工单位还应当在施工现场显著位置公告哪些事项？ 还需要在危险区域设置什么？

【考点】《危险性较大的分部分项工程安全管理规定》第十四条。

【参考答案】施工单位还应当在施工现场显著位置公告施工时间。还需要在危险区域设置安全警示标志。

【案例 42】

【背景资料】某工程，采用非常规起重设备，且单件起吊重量在 130kN 及以上的起重吊装工程。在专项施工方案实施前，专业监理工程师向施工现场管理人员进行了方案交底，监理员向作业人员进行了安全技术交底。施工过程中，施工项目技术负责人对专项施工方案实施情况进行现场监督。

【问题】判断以上的做法是否妥当？如不妥，请写出正确做法。

【考点】《危险性较大的分部分项工程安全管理规定》第十五、十七条。

【参考答案】以上做法是否妥当的判断：

（1）专业监理工程师向施工现场管理人员进行了方案交底不妥。正确做法：应由编制人员或者项目技术负责人向施工现场管理人员进行方案交底。

（2）监理员向作业人员进行了安全技术交底不妥。正确做法：应由施工现场管理人员向作业人员进行安全技术交底。

施工项目技术负责人对专项施工方案实施情况进行现场监督不妥。正确做法：应由项目专职安全生产管理人员对专项施工方案实施情况进行现场监督。

【案例 43】

【背景资料】某工程，采用附着式升降脚手架施工。在施工过程中发生以下事件：

事件 1：施工单位通过认真的分析和计算，自行修改了专项施工方案。

事件 2：监理单位在对附着式升降脚手架施工实施专项巡视检查前，要求施工单位结合危大工程专项施工方案编制监理实施细则。

事件 3：监理单位在巡视时发现施工单位未按照附着式升降脚手架专项施工方案施工，及时报告了建设单位，要求建设单位发出整改通知。

【问题】分别判断事件 1 ~ 3 的做法是否妥当，并说明理由。

【考点】《危险性较大的分部分项工程安全管理规定》第十六、十八、十九条。

【参考答案】事件 1 ~ 3 的做法是否妥当的判断及理由：

事件 1 的做法不妥。理由：施工单位不得擅自修改专项施工方案。

事件 2 的做法不妥。理由：应由监理单位结合危大工程专项施工方案编制监理实施细则。

事件 3 的做法不妥。理由：监理单位发现施工单位未按照专项施工方案施工的，应当要求其进行整改，不需要建设单位发出整改通知。

【案例 44—20200205】

【背景资料】某工程，实施过程中发生如下事件：

事件 5：在塔式起重机拆除过程中发生了生产安全事故，造成 4 人死亡、5 人重伤，直接经济损失 1200 万元。事故发生后，施工单位立即报告了建设单位和有关主管部门，总监理工程师立即签发了工程暂停令，并指挥施工单位开展应急抢险工作。事故发生 2h 后，总监理工程师向监理单位负责人报告了事故情况。

【问题】针对事件 5，指出总监理工程师做法的不妥之处，说明理由。

【考点】《危险性较大的分部分项工程安全管理规定》第二十条，现场安全管理。

【参考答案】总监理工程师做法的不妥之处：由总监理工程师指挥施工单位开展应急抢险工作。

理由：因应急抢险工作属于施工单位的工作职责。

第三节 《建设工程监理规范》

一、总则

【案例1】

【背景资料】某工程，实施过程中发生如下事件：

事件1：建设单位通过招标选择了一家工程监理单位，并以书面形式与该工程监理单位订立了建设工程监理合同，合同中约定了监理工作的范围、监理工作的服务期限、建设单位及监理单位的义务条款。

【问题】事件1中，合同约定的条款是否全面？如不全面，请补充。

【考点】《建设工程监理规范》第1.0.3条。

【参考答案】不全面。还需约定的条款补充如下：监理工作的内容、监理工作的酬金、违约责任等相关条款。

【案例2】

【背景资料】某工程，实施过程中发生如下事件：

事件2：工程开工前，监理单位将工程监理单位的名称、监理的范围、总监理工程师的姓名书面通知施工单位。

【问题】事件2中，监理单位的做法是否正确？说明理由。书面通知的内容是否全面？如不全面，请补充。

【考点】《建设工程监理规范》第1.0.4条。

【参考答案】事件2中，监理单位的做法不正确。理由：应由建设单位书面通知施工单位。

书面通知的内容不全面。还需补充：监理的内容和监理的权限。

【案例3—20180204】

【背景资料】某工程，实施过程中发生如下事件：

事件3：建设单位收到某材料供应商的举报，称施工单位已用于工程的某批装饰材料为不合格产品。据此，建设单位立即指令施工单位暂停施工，指令项目监理机构见证施工单位对该批材料的取样检测。经检测，该批材料为合格产品。为此，施工单位向项目监理机构提交了暂停施工后的人员窝工和机械闲置的费用索赔申请。

【问题】事件3中，建设单位的做法是否妥当？说明理由。

【考点】《建设工程监理规范》第1.0.5条。

【参考答案】事件3中，建设单位的做法不妥当。

理由：根据合同约定与《建设工程监理规范》的规定，在建设工程监理工作范围内，建设单位与施工单位之间涉及施工合同的联系活动，应通过工程监理单位进行。故建设单位收到举报后，应通过总监理工程师下达《工程暂停施工令》。

【案例4】

【背景资料】某工程，实施过程中发生如下事件：

事件4：建设单位要求：（1）工程监理单位在实施监理工作过程中以法律法规和建设工程监理合同为依据。（2）建设工程监理实行项目监理单位法人负责制。

【问题】事件4中，建设单位的要求有何不妥？分别写出正确做法。

【考点】《建设工程监理规范》第1.0.6、1.0.7条。

【参考答案】事件4中，建设单位的要求不妥之处及理由：

（1）不妥之处：实施监理工作过程中的依据不全面。

正确做法：还应补充的依据有：工程建设标准、建设工程勘察设计文件、其他合同文件。

（2）不妥之处：实行项目监理单位法人负责制。

正确做法：建设工程监理应实行总监理工程师负责制。

二、术语

【案例5—20140101】

【背景资料】某工程，实施过程中发生如下事件：

事件1：监理合同签订后，监理单位法定代表人不同意总监理工程师拟定的担任总监理工程师代表的人选，理由是：该人选仅具有工程师职称和5年工程实践经验，虽经监理业务培训，但不具有注册监理工程师资格。

【问题】指出事件1中监理单位法定代表人的做法有哪些不妥，分别写出正确做法。

【考点】《建设工程监理规范》第2.0.7条。

【参考答案】事件1中，监理单位法定代表人的不妥之处及正确做法如下：

不妥之处：不同意总监理工程师代表人选。

正确做法：总监理工程师代表的任职条件符合要求，应同意。

【案例6】

【背景资料】某工程，实施过程中发生如下事件：

事件2：建设单位对监理单位提出以下要求：（1）总监理工程师必须具有高级职称；（2）总监理工程师代表必须具有中级职称；（3）专业监理工程师必须具有中级职称；（4）监理员必须具有初级职称。

【问题】事件2中，建设单位提出的要求是否合理？说明理由。

【考点】《建设工程监理规范》第 2.0.6、2.0.7、2.0.8、2.0.9 条。

【参考答案】（1）不合理。理由：只要具备注册监理工程师注册执业证书，并由工程监理单位法定代表人书面任命即可。

（2）不合理。理由：总监理工程师代表是具有工程类注册执业资格或具有中级及以上专业技术职称、3 年及以上工程实践经验并经监理业务培训的人员。

（3）不合理。理由：专业监理工程师是具有工程类注册执业资格或具有中级及以上专业技术职称、2 年及以上工程实践经验并经监理业务培训的人员。

（4）不合理。理由：监理员是具有中专及以上学历并经过监理业务培训的人员。

三、项目监理机构及其设施

【案例 7】

【背景资料】某工程，实施过程中发生如下事件：

事件 1：工程监理单位在建设工程监理合同签订后，就开始组建项目监理机构，在考虑了建设工程监理合同约定的服务内容、工程特点、技术复杂程度等因素后确定了项目监理机构的组织形式和规模。

【问题】事件 1 中，工程监理单位在确定项目监理机构的组织形式和规模时考虑的因素有何不妥之处？说明理由。

【考点】《建设工程监理规范》第 3.1.1 条。

【参考答案】不妥之处：考虑的因素不全面。

理由：确定项目监理机构的组织形式和规模时，还应该考虑建设工程监理合同约定的服务期限，工程规模、环境等因素。

【案例 8】

【背景资料】某工程，实施过程中发生如下事件：

事件 2：工程监理单位在监理合同签订后，将项目监理机构的组织形式、人员构成及对总监理工程师的任命电话通知建设单位。建设单位认为拟任命的总监理工程师已经担任其他工程监理合同的总监理工程师，让工程监理单位更换总监理工程师。

【问题】1. 分别指出事件 2 中工程监理单位和建设单位做法是否妥当？说明理由。

2. 一名注册监理工程师最多可以担任几项工程监理合同的总监理工程师？

【考点】《建设工程监理规范》第 3.1.3、3.1.5 条。

【参考答案】1. 监理单位的做法不妥。理由：应该是书面通知。

建设单位做法妥当。理由：一名总监理工程师当需要同时担任多项建设工程监理合同的总监理工程师时，应经建设单位同意。

2. 一名注册监理工程师最多可以担任三项工程监理合同的总监理工程师。

【案例 9—20160103】

【背景资料】某工程，实施过程中发生如下事件：

事件 3：工程开工后，监理单位变更了不称职的专业监理工程师，并口头告知建设单位。监理单位因工作需要调离原总监理工程师并任命新的总监理工程师后，书面通知建设单位。

【问题】事件 3 中，监理单位的做法有何不妥？写出正确做法。

【考点】《建设工程监理规范》第 3.1.4 条。

【参考答案】事件 3 中，监理单位的做法是否妥当的判断及正确的做法如下：

（1）工程开工后，监理单位变更了不称职的专业监理工程师，并口头告知建设单位，不妥。

正确的做法：调换专业监理工程师时，总监理工程师应书面通知建设单位。

（2）监理单位因工作需要调离原总监理工程师并任命新的总监理工程师后，书面通知建设单位，不妥。

正确的做法：工程监理单位调换总监理工程师，应征得建设单位书面同意。

【案例 10—20180102】

【背景资料】某工程，实施过程中发生如下事件：

事件 4：总监理工程师委托总监理工程师代表完成下列工作：①组织召开监理例会；②组织审查施工组织设计；③组织审核分包单位资格；④组织审查工程变更；⑤签发工程款支付证书；⑥调解建设单位与施工单位的合同争议。

【问题】逐条指出事件 4 中，总监理工程师可委托和不可委托总监理工程师代表完成的工作。

【考点】《建设工程监理规范》第 3.2.1、3.2.2 条。

【参考答案】事件 4 中，总监理工程师可委托和不可委托总监理工程师代表完成的工作如下：

①属于可以委托总监理工程师代表完成的工作。

②属于不可委托给总监理工程师代表完成的工作。

③属于可以委托总监理工程师代表完成的工作。

④属于可以委托总监理工程师代表完成的工作。

⑤属于不可委托给总监理工程师代表完成的工作。

⑥属于不可委托给总监理工程师代表完成的工作。

【案例 11—20180502】

【背景资料】某工程，施工过程中发生如下事件：

事件 5：为加强施工进度控制，总监理工程师指派总监理工程师代表：①制订进度目标控制的防范性对策；②调配进度控制监理人员。

【问题】指出事件 5 中总监理工程师做法的不妥之处，说明理由。

【考点】《建设工程监理规范》第 3.2.2 条。

【参考答案】事件 5 中总监理工程师做法的不妥之处：总监理工程师指派总监理工程师代表调配进度控制监理人员。

理由：根据《建设工程监理规范》中第 3.2.2 条规定，根据工程进展及监理工作情况调配监理人员属于总监理工程师不得委托给总监理工程师代表的工作之一。

【案例 12—20170201】

【背景资料】某工程，参照定额工期确定的合理工期为 1 年，建设单位与施工单位按此签订施工合同，工程实施过程中发生如下事件：

事件 6：建设单位提出由总监理工程师代表负责增加和调配监理人员。

【问题】指出事件 6 中建设单位所提出要求的不妥之处，写出正确做法。

【考点】《建设工程监理规范》第 3.2.2 条。

【参考答案】不妥之处：总监理工程师代表负责增加和调配监理人员；

正确做法：总监理工程师负责增加和调配监理人员。

【案例 13—20160101】

【背景资料】某工程，实施过程中发生如下事件：

事件 7：总监理工程师安排的部分监理职责分工如下：①总监理工程师代表组织审查（专项）施工方案；②专业监理工程师处理工程索赔；③专业监理工程师编制监理实施细则；④监理员检查进场工程材料、构配件和设备的质量；⑤监理员复核工程计量有关数据。

【问题】针对事件 7，逐项指出总监理工程师安排的监理职责分工是否妥当。

【考点】《建设工程监理规范》第 3.2.1、3.2.2 条。

【参考答案】针对事件 7，总监理工程师安排的监理职责分工是否妥当的判断如下：

（1）总监理工程师代表组织审查（专项）施工方案，不妥。

理由：组织审查施工组织设计、（专项）施工方案属于总监理工程师的职责，总监理工程师不得将该项工作委托给总监理工程师代表。

（2）专业监理工程师处理工程索赔，不妥。

理由：调解建设单位与施工单位的合同争议，处理工程索赔属于总监理工程师的职责。

（3）专业监理工程师编制监理实施细则，妥当。

理由：参与编制监理规划，负责编制监理实施细则属于专业监理工程师的职责。

（4）监理员检查进场工程材料、构配件和设备的质量，不妥。

理由：检查进场的工程材料、构配件、设备的质量属于专业监理工程师的职责。

（5）监理员复核工程计量有关数据，妥当。

理由：复核工程计量有关数据属于监理员的职责。

【案例 14—20140103】

【背景资料】某工程，实施过程中发生如下事件：

事件 8：施工过程中，总监理工程师安排专业监理工程师审批监理实施细则，并委托总监理工程师代表负责调配监理人员、检查监理人员工作和参与工程质量事故的调查。

【问题】指出事件 8 中总监理工程师的做法有哪些不妥，分别写出正确做法。

【考点】《建设工程监理规范》第3.2.1、3.2.2、3.2.3条。

【参考答案】事件8中，总监理工程师做法的不妥之处及正确做法如下：

（1）不妥之处：安排专业监理工程师审批监理实施细则。

正确做法：应由总监理工程师审批。

（2）不妥之处：委托总监理工程师代表调配监理人员。

正确做法：应由总监理工程师调配。

（3）不妥之处：委托总监理工程师代表参与工程质量事故调查。

正确做法：应由总监理工程师参与。

【案例15—20130101】

【背景资料】某工程，实施过程中发生如下事件：

事件9：总监理工程师对项目监理机构的部分工作做出如下安排：

（1）总监理工程师代表负责审核监理实施细则，进行监理人员的绩效考核，调换不称职监理人员；

（2）专业监理工程师全权处理合同争议和工程索赔。

【问题】事件9中，总监理工程师对工作安排有哪些不妥之处？分别写出正确做法。

【考点】《建设工程监理规范》第3.2.1、3.2.2、3.2.3条。

【参考答案】事件9中，总监理工程师对工作安排的不妥之处及正确做法：

（1）不妥之处：总监理工程师代表负责审核监理实施细则。

正确做法：由总监理工程师负责审核监理实施细则。

（2）不妥之处：总监理工程师代表调换不称职监理人员。

正确做法：由总监理工程师进行监理人员的调配，调换不称职的监理人员。

（3）不妥之处：专业监理工程师全权处理合同争议和工程索赔。

正确做法：由总监理工程师负责处理合同争议、处理索赔。

【案例16—20050101】

【背景资料】某工程，施工总承包单位依据施工合同约定，与甲安装单位签订了安装分包合同。基础工程完成后，由于项目用途发生变化，建设单位要求设计单位编制设计变更文件，并授权项目监理机构就设计变更引起的有关问题与总承包单位进行协商。项目监理机构在收到经相关部门重新审查批准的设计变更文件后，经研究对其今后工作安排如下：

（1）由总监理工程师负责与总承包单位进行质量、费用和工期等问题的协商工作；

（2）要求总承包单位调整施工组织设计，并报建设单位同意后实施；

（3）由总监理工程师代表主持修订监理规划；

（4）由负责合同管理的专业监理工程师全权处理合同争议；

（5）安排一名监理员主持整理工程监理资料。

【问题】逐项指出项目监理机构对其今后工作的安排是否妥当？不妥之处，写出正确做法。

【考点】《建设工程监理规范》第3.2.1、3.2.2、3.2.3条。

【参考答案】项目监理机构对其今后工作的安排是否妥当的判断：

第（1）条：妥当。

第（2）条：不妥；正确做法：调整后的施工组织设计应经项目监理机构（或总监理工程师）审核、签认。

第（3）条：不妥；正确做法：由总监理工程师主持修订监理规划。

第（4）条：不妥；正确做法：由总监理工程师负责处理合同争议。

第（5）条：不妥；正确做法：由总监理工程师主持整理工程监理资料。

【案例17】

【背景资料】某市政工程分为四个施工标段。某监理单位承担了该工程施工阶段的监理任务。实施过程中发生如下事件：

事件10：总监理工程师调整了项目监理机构组织形式后，安排总监理工程师代表按新的组织形式确定项目监理机构人员组成、确定项目监理机构人员职责、组织编写工程质量评估报告；又安排专业监理工程师组织编写监理月报和监理工作总结；并安排监理员组织编写监理日志。

【问题】指出事件10中总监理工程师调整项目监理机构组织形式后安排工作的不妥之处，写出正确做法。

【考点】《建设工程监理规范》第3.2.1、3.2.2、3.2.3条。

【参考答案】总监理工程师调整项目监理机构组织形式后安排工作的不妥之处：

（1）不妥之处：安排总监理工程师代表组织编写工程质量评估报告。

正确做法：应由总监理工程师组织编写工程质量评估报告。

（2）不妥之处：安排专业监理工程师组织编写监理月报和监理工作总结。

正确做法：应由总监理工程师组织编写监理月报和监理工作总结，或者委托总监理工程师代表组织。

（3）不妥之处：安排监理员组织编写监理日志。

正确做法：应由专业监理工程师组织编写。

【案例18】

【背景资料】某工程，实施过程中发生如下事件：

事件11：总监理工程师就有关验收的工作安排如下：

（1）总监理工程师代表组织验收分部工程；

（2）总监理工程师代表组织审查施工单位的竣工申请；

（3）总监理工程师代表组织工程竣工预验收；

（4）总监理工程师代表参与工程竣工验收；

（5）专业监理工程师参与检验批、隐蔽工程、分项工程的验收；

（6）专业监理工程师参与验收分部工程；

（7）专业监理工程师参与竣工预验收；

（8）专业监理工程师参与竣工验收；

（9）监理员参与验收分部工程。

【问题】逐条判断事件11中的总监理工程师的工作安排是否妥当？如不妥，请指出正确做法。

【考点】《建设工程监理规范》第3.2.1、3.2.2、3.2.3、3.2.4条。

【参考答案】（1）妥当。

（2）不妥。正确做法：不能委托总监理工程师代表组织审查施工单位的竣工申请，应由总监理工程师组织审查。

（3）不妥。正确做法：不能委托总监理工程师代表组织工程竣工预验收，应由总监理工程师组织审查。

（4）不妥。正确做法：不能委托总监理工程师代表参与工程竣工验收，应由总监理工程师参与工程竣工验收。

（5）不妥。正确做法：专业监理工程师验收检验批、隐蔽工程、分项工程的，不是参与。

（6）妥当。

（7）妥当。

（8）妥当。

（9）不妥。正确做法：专业监理工程师参与验收分部工程。

【案例19】

【背景资料】某工程，实施过程中发生如下事件：

事件12：总监理工程师把在造价控制方面的工作列举如下，拟安排监理人员工作：进行工程计量、复核工程计量有关数据、组织审核施工单位的付款申请、签发工程款支付证书、组织审核竣工结算。

【问题】作为总监理工程师应如何安排？总监理工程师的哪些工作不可以委托总监理工程师代表完成？

【考点】《建设工程监理规范》第3.2.1、3.2.2、3.2.3、3.2.4条。

【参考答案】安排如下：

（1）总监理工程师的工作：组织审核施工单位的付款申请、签发工程款支付证书、组织审核竣工结算。

（2）专业监理工程师的工作：进行工程计量。

（3）监理员的工作：复核工程计量有关数据。

总监理工程师的以下工作不可以委托总监理工程师代表完成：签发工程款支付证书、组织审核竣工结算。

【案例20—20110101】

【背景资料】某工程，监理合同履行过程中，发生如下事件：

事件13：总监理工程师对部分监理工作安排如下：（1）监理实施细则由总监理工程师代表负责审批；（2）隐蔽工程由质量控制专业监理工程师负责验收；（3）工程费

用索赔由造价控制专业监理工程师负责审批；（4）工程计量原始凭证由监理员负责签署。

【问题】逐条指出事件13中总监理工程师对监理工作安排是否妥当，不妥之处写出正确安排。

【考点】《建设工程监理规范》第3.2.1、3.2.3、3.2.4条。

【参考答案】事件1中总监理工程师对监理工作安排是否妥当的判断以及正确安排。

（1）监理实施细则由总监理工程师代表负责审批不妥。

正确安排：审批监理实施细则由总监理工程师负责。

（2）隐蔽工程由质量控制专业监理工程师负责验收妥当。

（3）工程费用索赔由造价控制专业监理工程师负责审批不妥。

正确安排：由总监理工程师负责处理。

（4）工程计量原始凭证由监理员负责签署妥当。

【案例21】

【背景资料】某工程，实施过程中发生如下事件：

事件14：总监理工程师将以下工作委托总监理工程师代表完成：（1）审查工程开复工报审表；（2）签发工程开工令、暂停令和复工令；（3）组织检查施工单位现场质量、安全生产管理体系的建立及运行情况；（4）参与或配合工程质量安全事故的调查和处理。

【问题】请指出事件14中的哪些工作不可以委托总监理工程师代表完成？

【考点】《建设工程监理规范》第3.2.1、3.2.2条。

【参考答案】不可以委托总监理工程师代表完成的工作：签发工程开工令、暂停令和复工令；参与或配合工程质量安全事故的调查和处理。

【案例22】

【背景资料】某工程，实施过程中发生如下事件：

事件15：项目监理机构由于监理人员的调整，拟对以下工作作出安排：（1）参与审核分包单位资格；（2）进行见证取样；（3）检查施工单位投入工程的人力、主要设备的使用及运行状况；（4）收集、汇总、参与整理监理文件资料；（5）检查工序施工结果；（6）参与工程变更的审查和处理；（7）参与编制监理规划；（8）处置发现的质量问题和安全事故隐患。

【问题】请划分以上工作哪些是专业监理工程师的工作？哪些是监理员的工作？

【考点】《建设工程监理规范》第3.2.3、3.2.4条。

【参考答案】专业监理工程师的工作：参与审核分包单位资格；收集、汇总、参与整理监理文件资料；参与工程变更的审查和处理；参与编制监理规划；处置发现的质量问题和安全事故隐患。

监理员的工作：进行见证取样；检查施工单位投入工程的人力、主要设备的使用及运行状况；检查工序施工结果。

【案例 23】

【背景资料】某工程，实施过程中发生如下事件：

事件 16：在第一次工地会议上，建设单位提出要求施工单位为该项目的工程监理人员提供交通、生活、办公设施，施工单位认为应该由工程监理单位来提供。

【问题】事件 16 中，建设单位的要求和施工单位的认为是否不妥？说明理由。

【考点】《建设工程监理规范》第 3.3.1 条。

【参考答案】建设单位的要求和施工单位的认为不妥。理由：根据《建设工程监理规范》，建设单位应按建设工程监理合同约定，提供监理工作需要的办公，交通、通信生活等设施。

【案例 24—20020104】

【背景资料】某建设工程项目，建设单位委托某监理公司负责施工阶段的监理工作。该公司副经理出任项目总监理工程师。

在第一次工地会议上，项目总监理工程师根据监理规划介绍了监理工作内容、项目监理机构的人员岗位职责和监理设施等内容。其中：监理工作所需测量仪器、检验及试验设备向施工单位借用，如不能满足需要，指令施工单位提供。

【问题】在总监理工程师介绍的监理设施的内容中，找出不正确的内容并改正。

【考点】《建设工程监理规范》第 3.3.2 条。

【参考答案】不正确的内容：向施工单位借用和指令施工单位提供监理设施错误。应改为：项目监理机构应根据建设工程监理合同的约定，配备满足监理工作需要的常规检测设备和工器具。

四、监理规划及监理实施细则

【案例 25】

【背景资料】某工程，实施过程中发生如下事件：

事件 1：在编制监理规划前，总监理工程师要求：监理规划的编制应符合监理实施细则的要求，体现其可指导性。该监理规划主要明确和确定的内容包括：明确项目监理机构的工作目标，确定具体的监理工作制度、确定具体的监理工作流程、确定具体的监理工作程序和确定具体的监理工作措施。

【问题】事件 1 中，总监理工程师的要求是否妥当？说明理由。监理规划主要明确的内容是否妥当？说明理由。

【考点】《建设工程监理规范》第 4.1.1、4.1.2 条。

【参考答案】总监理工程师的要求不妥。理由：监理实施细则的编制应符合监理规划的要求。

监理规划主要明确的内容不妥。理由：（1）确定具体的监理工作流程不是监理规范应该确定的，而是监理实施细则应该明确的；（2）还应该确定具体的监理工作内容、确定具体的监理工作方法。

【案例 26—20180101】

【背景资料】某工程，实施过程中发生如下事件：

事件2：监理合同签订后，监理单位技术负责人组织编制了监理规划并报法定代表人审批，在第一次工地会议后，项目监理机构将监理规划报送建设单位。

【问题】指出事件2中的不妥之处，写出正确做法。

【考点】《建设工程监理规范》第4.2.1、4.2.2条。

【参考答案】事件2中的不妥之处及正确做法：

（1）不妥之处一：监理合同签订后，监理单位技术负责人组织编制了监理规划。

正确做法：监理合同签订及收到工程设计文件后，由总监理工程师组织编制监理规划。

（2）不妥之处二：监理规划报法定代表人审批。

正确做法：监理规划在编写完成后，经总监理工程师签字，由工程监理单位技术负责人审批。

（3）不妥之处三：第一次工地会议后，项目监理机构将监理规划报送建设单位。

正确做法：项目监理机构应在召开第一次工地会议前（7d）报送建设单位。

【案例 27—20140103】

【背景资料】某工程，实施过程中发生如下事件：

事件3：监理合同签订后，监理单位法定代表人要求项目监理机构在收到设计文件和施工组织设计后方可编制监理规划；同意技术负责人委托具有类似工程监理经验的副总工程师审批监理规划。

【问题】指出事件3中监理单位法定代表人的做法有哪些不妥，分别写出正确做法。

【考点】《建设工程监理规范》第4.2.1、4.2.2条。

【参考答案】事件3中，监理单位法定代表人的不妥之处及正确做法如下：

（1）不妥之处：要求在收到施工单位的施工组织设计后编制监理规划。

正确做法：在收到设计文件后即可编制监理规划。

（2）不妥之处：同意技术负责人委托具有类似工程监理经验的副总工程师审批监理规划。

正确做法：应由监理单位技术负责人审批监理规划。

【案例 28—20210103】

【背景资料】某工程，实施过程中发生如下事件：

事件3：工程开工前，建设单位主持召开了第一次工地会议。会后，项目监理机构将整理的会议纪要和总监理工程师签字认可的监理规划直接报送建设单位。

【问题】指出事件3中的不妥之处，写出正确做法。

【考点】《建设工程监理规范》第4.2.1、4.2.2条。

【参考答案】事件3中的不妥之处及正确做法：

（1）不妥之处：第一次工地会议后，项目监理机构将监理规划报送建设单位。

正确做法：应在召开第一次工地会议 7d 前报建设单位。

（2）不妥之处：只有总监理工程师签字认可的监理规划直接报送建设单位。

正确做法：监理规划在报送前，经总监理工程师签字后，还应由监理单位技术负责人审核签字。

【案例 29】

【背景资料】某工程，实施过程中发生如下事件：

事件 4：监理单位在编制监理规范时，由监理单位法定代表人组织总监理工程师、专业监理工程师、监理员编制，编写成后由监理单位法定代表人签字审批后报建设单位。

【问题】指出事件 4 中监理规范编制过程中的做法有哪些不妥，分别写出正确做法。

【考点】《建设工程监理规范》第 4.2.1、4.2.2 条。

【参考答案】事件 4 中，监理单位的不妥之处及正确做法如下：

（1）不妥之处：由监理单位法定代表人组织总监理工程师、专业监理工程师、监理员编制。

正确做法：由总监理工程师组织专业监理工程师编制监理规划。

（2）不妥之处：由监理单位法定代表人签字审批后报建设单位。

正确做法：由总监理工程师签字后，由工程监理单位技术负责人审批后报建设单位。

【案例 30—20140402】

【背景资料】某工程，实施过程中发生如下事件：

事件 5：项目监理机构编制监理规划时初步确定的内容包括：工程概况；监理工作的范围、内容、目标；监理工作依据；工程质量控制；工程造价控制；工程进度控制；合同与信息管理；监理工作设施。总监理工程师审查时认为，监理规划还应补充有关内容。

【问题】事件 5 中，监理规划还应补充哪些内容？

【考点】《建设工程监理规范》第 4.2.3 条。

【参考答案】事件 5 中，监理规划还应补充的内容：

（1）监理组织形式、人员配备及进退场计划、监理人员岗位职责；

（2）监理工作制度；

（3）安全生产管理的监理工作；

（4）组织协调。

【案例 31—20100103】

【背景资料】某工程，建设单位通过招标方式选择监理单位。工程实施过程中发生下列事件：

事件 6：该项目监理规划内容包括：①工程项目概况；②监理工作范围；③监理单位的经营目标；④监理工作依据；⑤项目监理机构人员岗位职责；⑥监理单位的权利和义务；⑦监理工作方法及措施；⑧监理工作制度；⑨监理工作程序；⑩工程项目实施的

组织；⑪监理设施；⑫施工单位需配合监理工作的事宜。

【问题】指出事件 6 中项目监理规划内容中的不妥之处。根据《建设工程监理规范》，写出该项目监理规划还应包括哪些内容。

【考点】《建设工程监理规范》第 4.2.3 条。

【参考答案】事件 6 中项目监理规划内容中的不妥之处：不包括监理单位的经营目标、监理单位的权利和义务、工程项目实施的组织、施工单位需配合监理工作的事宜。

根据《建设工程监理规范》，该项目监理规划还应包括的内容：监理工作内容、监理工作目标、项目监理机构的组织形式、项目监理机构的人员配备计划。

【案例 32—20140403】

【背景资料】某工程，实施过程中发生如下事件：

事件 7：工程施工过程中，因建设单位原因发生工程变更导致监理工作内容发生重大变化，项目监理机构组织修改了监理规划。

【问题】事件 7 中，写出监理规划的修改及报批程序。

【考点】《建设工程监理规范》第 4.2.4 条。

【参考答案】事件 7 中，监理规划的修改及报批程序包括：

（1）由总监理工程师组织专业监理工程师修改；

（2）经工程监理单位技术负责人审批后报建设单位。

【案例 33—20200104】

【背景资料】某工程，施工合同价款 30000 万元，工期 36 个月。实施过程中发生如下事件：

事件 4：某危险性较大的分项工程施工前，监理员编写了监理实施细则，报专业监理工程师审查后实施。

【问题】指出事件 4 中的不妥之处，写出正确做法。

【考点】《建设工程监理规范》第 4.3.2 条。

【参考答案】事件 4 中：

（1）不妥之处一："监理员编写了监理实施细则"。

正确做法：应由专业监理工程师编制监理实施细则。

（2）不妥之处二："报专业监理工程师审查后实施"。

正确做法：监理实施细则应报总监理工程师审批后实施。

【案例 34—20170104】

【背景资料】某工程，实施过程中发生如下事件：

事件 8：采用新技术的某专业分包工程开始施工后，专业监理工程师编制了相应的监理实施细则，总监理工程师审查了其中的监理工作方法和措施等主要内容。

【问题】指出事件 8 中专业监理工程师做法的不妥之处，总监理工程师还应审查监理实施细则中的哪些内容。

【考点】《建设工程监理规范》第4.3.2、4.3.4条。

【参考答案】（1）专业监理工程师做法的不妥之处是在工程开始施工后才编制监理实施细则。

（2）总监理工程师还应审查监理实施细则的如下几个方面：①专业工程特点；②监理工作流程；③监理工作要点。

【案例35—20190103】

【背景资料】某工程，实施过程中发生如下事件：

事件9：某专业工程施工前，总监理工程师指派监理员依据监理规划、工程设计文件和施工组织设计组织编制监理实施细则，并报送建设单位审批。

【问题】针对事件9，总监工程师的做法有什么不妥？写出正确做法，监理实施细则的编制依据还有哪些？

【考点】《建设工程监理规范》第4.3.2、4.3.3条。

【参考答案】

针对事件9，总监工程师做法的不妥与正确做法：

（1）不妥之处：监理员组织编制监理实施细则。

正确做法：由专业监理工程师组织编制监理实施细则。

（2）不妥之处：监理实施细则报送建设单位审批。

正确做法：监理实施细则经总监理工程师审核后实施。

监理实施细则的编制依据还有：工程建设标准、（专项）施工方案。

【案例36—20150103】

【背景资料】某工程，实施过程中发生如下事件：

事件10：专业监理工程师编写的深基坑工程监理实施细则主要内容包括：专业工程特点、监理工作方法及措施。

【问题】写出事件10中监理实施细则还应包括的内容。

【考点】《建设工程监理规范》第4.3.4条。

【参考答案】事件10中监理实施细则还应包括的内容：监理工作流程、监理工作要点。

五、工程质量、造价、进度控制及安全生产管理的监理工作

【案例37—20090101】

【背景资料】某实行监理的工程，建设单位与总承包单位按《建设工程施工合同（示范文本）》签订了施工合同，总承包单位按合同约定将一专业工程分包。

施工过程中发生下列事件：

事件1：工程开工前，总监理工程师在熟悉设计文件时发现部分设计图纸有误，即向建设单位进行了口头汇报。建设单位要求总监理工程师组织召开设计交底会，并向设计单位指出设计图纸中的错误，在会后整理会议纪要。

【问题】分别指出事件1中建设单位、总监理工程师的不妥之处，写出正确做法。

【考点】《建设工程监理规范》第5.1.2条。

【参考答案】事件1中建设单位的不妥之处：

（1）不妥之处：建设单位要求总监理工程师组织召开设计交底会。

正确做法：由建设单位组织设计交底会。

（2）不妥之处：建设单位要求总监理工程师向设计单位提出设计图纸中的错误，在会后整理会议纪要，会议纪要由设计单位整理。

正确做法：总监理工程师对设计图纸中存在的问题通过建设单位向设计单位提出书面意见和建议。

事件1中总监理工程师的不妥之处：

不妥之处：总监理工程师对发现的设计图纸的错误口头向建设单位汇报。

正确做法：应以书面形式向建设单位汇报。

【案例38】

【背景资料】某工程，实施过程中发生如下事件：

事件2：工程开工前，总监理工程师应建设单位的要求，主持了图纸会审会议，会后，该工程项目经理对会议纪要进行了签认。

【问题】指出事件2的不妥之处，写出正确做法。

【考点】《建设工程监理规范》第5.1.2条。

【参考答案】事件2的不妥之处及正确做法：

（1）不妥之处：总监理工程师组织了图纸会审会议。

正确做法：图纸会审会议应该由建设单位主持。

（2）不妥之处：项目经理对会议纪要进行了签认。

正确做法：图纸会审会议纪要应由总监理工程师签认。

【案例39—20040503】

【背景资料】某实施监理的工程项目，项目监理过程中有如下事件：

事件3：在建设单位主持召开的第一次工地会议上，建设单位介绍工程开工准备工作基本完成，施工许可证正在办理，要求会后就组织开工。总监理工程师认为施工许可证未办理好之前，不宜开工。对此，建设单位代表很不满意，会后建设单位起草了会议纪要，纪要中明确边施工边办理施工许可证，并将此会议纪要送发监理单位、施工单位，要求遵照执行。

【问题】事件3中建设单位在第一次工地会议的做法有哪些不妥？写出正确的做法。

【考点】《建设工程监理规范》第5.1.3条。

【参考答案】事件3，建设单位在第一次工地会议的做法中不妥之处及正确做法如下：

（1）不妥之处：开工准备工作基本完成，施工许可证正在办理，要求会后就组织开工。

正确做法：开工准备工作基本完成，施工许可证办理完毕后，才可以开工。

（2）不妥之处：会后建设单位起草了会议纪要。

正确做法：会议纪要由项目监理机构负责起草。

（3）不妥之处：将会议纪要送发监理单位、施工单位。

正确做法：会议纪要经与会各方代表会签，然后分发给有关单位。

【案例 40】

【背景资料】某工程，实施过程中发生如下事件：

事件4：在某次建设单位组织的监理例会上，施工单位整理了会议纪要，与工程监理单位进行了会签。

【问题】指出事件4中的不妥之处，并改正。

【考点】《建设工程监理规范》第5.1.4条。

【参考答案】事件4中的不妥之处及正确做法：

（1）不妥之处：建设单位组织了监理例会。

正确做法：应该由项目监理机构组织监理例会。

（2）不妥之处：施工单位整理了会议纪要。

正确做法：应该由项目监理机构整理会议纪要。

（3）不妥之处：施工单位与工程监理单位会签了会议纪要。

正确做法：监理例会的会议纪要应由与会各方代表会签。

【案例 41—20160301】

【背景资料】某工程，实施过程中发生如下事件：

事件5：工程开工前，施工项目部编制的施工组织设计经项目技术负责人签字并加盖项目经理部印章后，作为《施工组织设计/（专项）施工方案报审表》的附件报送项目监理机构，专业监理工程师审查签认后即交由施工单位实施。

【问题】指出事件5中的不妥之处，写出正确做法。

【考点】《建设工程监理规范》第5.1.6条。

【参考答案】事件5中的不妥之处及正确做法如下：

（1）不妥之处：工程开工前，施工项目部编制的施工组织设计经项目技术负责人签字并加盖项目经理部印章后，作为《施工组织设计/（专项）施工方案报审表》的附件报送项目监理机构。

正确做法：施工单位编制的施工组织设计经施工单位技术负责人审核签认后，与施工组织设计报审表一并报送项目监理机构。

（2）不妥之处：专业监理工程师审查签认后即交由施工单位实施。

正确做法：总监理工程师应及时组织专业监理工程师审查施工组织设计，符合要求的，由总监理工程师签认。已签认的施工组织设计由项目监理机构报送建设单位。项目监理机构应要求施工单位按照施工组织设计施工。

【案例42—20170303】

【背景资料】某工程，实施过程中发生如下事件：

事件6：项目监理机构审查施工单位报送的施工组织设计后认为：①安全技术措施符合工程建设强制性标准；②资金、劳动力、材料、设备等资源供应计划满足工程施工需要；③施工总平面布置科学合理，同时要求施工单位补充完善相关内容。

【问题】针对事件6，项目监理机构对施工组织设计的审查还应包括哪些内容？

【考点】《建设工程监理规范》第5.1.6条。

【参考答案】项目监理机构对施工组织设计的审查还应包括：（1）编审程序是否符合相关规定；（2）施工进度、施工方案及工程质量保证措施是否符合施工合同要求。

【案例43—20200201】

【背景资料】某工程，实施过程中发生如下事件：

事件7：工程开工前，施工单位向项目监理机构报送工程开工报审表及相关资料。专业监理工程师组织审查施工单位报送的工程开工报审表及相关资料后，签署了审核意见。总监理工程师根据专业监理工程师的审核意见，签发了工程开工令。

【问题】指出事件7中的不妥之处，写出正确做法。

【考点】《建设工程监理规范》第5.1.8条。

【参考答案】（1）不妥之处一：专业监理工程师组织审查工程开工报审表及相关资料。

正确做法：由总监理工程师组织审查。

（2）不妥之处二：专业监理工程师签署审核意见。

正确做法：由总监理工程师签署审核意见。

（3）不妥之处三：总监理工程师根据专业监理工程师意见签发工程开工令。

正确做法：经建设单位同意后签发工程开工令。

【案例44—20200404】

【背景资料】某依法必须招标的工程，建设单位采用公开招标方式选定施工单位，有A、B、C、D、E、F、G 7家施工单位通过了资格预审。实施过程中发生如下事件：

事件8：开工前，施工单位向建设单位报送了工程开工报审表及相关资料。项目监理机构审查后认为：征地拆迁工作满足工程进度需要；施工单位现场管理及施工人员已到位，现场质量、安全生产管理体系已建立，施工机械具备使用条件，主要工程材料已落实。但因其他开工条件尚不具备，总监理工程师未签发工程开工令。

【问题】指出事件8中的不妥之处，写出正确做法。

【考点】《建设工程监理规范》第5.1.8条。

【参考答案】事件8中：

不妥之处：施工单位向建设单位报送工程开工报审表及相关资料。

正确做法：施工单位应向项目监理机构报送开工报审表及相关资料。

【案例45—20200405】

【背景资料】某依法必须招标的工程，建设单位采用公开招标方式选定施工单位，有A、B、C、D、E、F、G 7家施工单位通过了资格预审。实施过程中发生如下事件：

事件9：开工前，施工单位向建设单位报送了工程开工报审表及相关资料。项目监理机构审查后认为：征地拆迁工作满足工程进度需要；施工单位现场管理及施工人员已到位，现场质量、安全生产管理体系已建立，施工机械具备使用条件，主要工程材料已落实。但因其他开工条件尚不具备，总监理工程师未签发工程开工令。

【问题】针对事件9，根据《建设工程监理规范》，该工程还应具备哪些条件，总监理工程师方可签发工程开工令。

【考点】《建设工程监理规范》第5.1.8条。

【参考答案】水、电、通信等已满足开工要求。

【参考答案】工程还应具备的条件有：

（1）设计交底和图纸会审已完成。

（2）施工组织设计已由总监理工程师签认。

（3）进场道路及水、电、通信等已满足开工要求。

（4）建设单位已在工程开工报审表中签署同意开工意见。

【案例46—20150201】

【背景资料】某工程，实施过程中发生如下事件：

事件10：开工前，项目监理机构审查施工单位报送的工程开工报审表及相关资料时，总监理工程师要求：首先由专业监理工程师签署审查意见，之后由总监理工程师代表签署审核意见。总监理工程师依据总监理工程师代表签署的同意开工意见，签发了工程开工令。

【问题】指出事件10中总监理工程师做法的不妥之处，写出正确做法。

【考点】《建设工程监理规范》第5.1.8条。

【参考答案】事件10中总监理工程师做法的不妥之处及正确做法如下：

（1）不妥之处：安排总监理工程师代表在工程开工报审表上签署审核意见。

正确做法：总监理工程师应签署审核意见。

（2）不妥之处：总监理工程师依据总监理工程师代表签署的同意开工意见，签发了工程开工令。

正确做法：总监理工程师应将工程开工报审表报建设单位批准后，再签发工程开工令。

【案例47—20180401】

【背景资料】某工程的桩基工程和内装饰工程属于依法必须招标的暂估价分包工程，施工合同约定由施工单位负责招标。施工单位通过招标选择了A单位分包桩基工程施工。工程实施过程中发生如下事件：

事件11：工程开工前，项目监理机构审查了施工单位报送的工程开工报审表及相关资料。确认具备开工条件后，总监理工师在工程工报审表中签署了同意开工的审核意见，同时签发了工程开工令。

【问题】指出事件 11 中的不妥之处，写出正确做法。

【考点】《建设工程监理规范》第 5.1.8 条。

【参考答案】事件 11 中的不妥之处：总监理工师在工程开工报审表中签署了同意开工的审核意见，同时签发了工程开工令。

正确做法：在工程开工报审表中，总监理工程师签署审查意见，并报建设单位批准后，总监理工程师方可签发工程开工令。

【案例 48—20170301】

【背景资料】某工程，实施过程中发生如下事件：

事件 12：施工单位完成下列施工准备工作后即向项目监理机构申请开工：①现场质量、安全生产管理体系已建立；②管理及施工人员已到位；③施工机具已具备使用条件；④主要工程材料已落实；⑤水、电、通信等已满足开工要求。项目监理机构认为上述开工条件不够完备。

【问题】针对事件 12，施工单位申请开工还应具备哪些条件？

【考点】《建设工程监理规范》第 5.1.8 条。

【参考答案】施工单位申请开工还应具备的条件：(1) 设计交底和图纸会审已完成；(2) 施工组织设计已经总监理工程师签认；(3) 进场道路已满足开工要求。

【案例 49—20050301】

【背景资料】某工程，建设单位与甲施工单位按照《建设工程施工合同（示范文本）》签订了施工合同。经建设单位同意，甲施工单位选择了乙施工单位作为分包单位。在合同履行中，发生了如下事件。

事件 13：在合同约定的工程开工日前，建设单位收到甲施工单位报送的《工程开工报审表》后即予处理。考虑到施工许可证已获政府主管部门批准且甲施工单位的施工机具和施工人员已经进场，便审核签认了《工程开工报审表》并通知了项目监理机构。

【问题】指出事件 13 中建设单位做法的不妥之处，说明理由。

【考点】《建设工程监理规范》第 5.1.8 条。

【参考答案】事件 13 中建设单位做法的不妥之处：建设单位接受并签发甲施工单位报送的开工报审表。

理由：开工报审表应报项目监理机构，由总监理工程师签发，并报建设单位。

【案例 50—20190301】

【背景资料】某工程，实施过程中发生如下事件：

事件 14：分包工程开工前，项目监理机构的专业监理工程师对分包单位的营业执照、企业资质等级证书进行了资格审查，并提出了审查意见。

【问题】针对事件 14，项目监理机构对分包单位资格审查还应包括哪些内容？

【考点】《建设工程监理规范》第 5.1.10 条。

【参考答案】针对事件14，项目监理机构对分包单位资格审查还应包括以下内容：安全生产许可文件、类似工程业绩、专职管理人员和特种作业人员的资格证书。

【案例51—20160203】

【背景资料】某工程，实施过程中发生如下事件：

事件15：项目监理机构审查施工单位报送的分包单位资格报审材料时发现，其《分包单位资格报审表》附件仅附有分包单位的营业执照、安全生产许可证和类似工程业绩，随即要求施工单位补充报送分包单位的其他相关资格证明材料。

【问题】事件15中，施工单位还应补充报送分包单位的哪些资格证明材料？

【考点】《建设工程监理规范》第5.1.10条。

【参考答案】事件15中，施工单位还应补充报送分包单位的资格证明材料包括：企业资质等级证书、专职管理人员和特种作业人员的资格证。

【案例52】

【背景资料】某工程，实施过程中发生如下事件：

事件16：建设单位要求项目监理机构在监理过程中，要对工程项目的风险进行分析，通过分析后，并就工程质量、工程造价、工程进度控制及安全生产管理方面提出相应的防范对策。

【问题】事件16中，项目监理机构对工程项目的风险进行分析的依据有哪些？

【考点】《建设工程监理规范》第5.1.12条。

【参考答案】项目监理机构对工程项目的风险进行分析的依据包括：工程特点、施工合同、工程设计文件及经过批准的施工组织设计。

【案例53】

【背景资料】某工程，实施过程中发生如下事件：

事件1：工程开工后，项目监理机构的总监理工程师组织专业监理工程师对施工现场的质量管理组织机构和特种作业人员的资格进行了审查。

【问题】事件1中，项目监理机构就施工单位工程质量控制方面的现场管理审查的做法有哪些不妥？并改正。

【考点】《建设工程监理规范》第5.2.1条。

【参考答案】事件1中，项目监理机构做法的不妥之处及正确做法：

（1）不妥之处：工程开工后审查。

正确做法：应该在工程开工前审查。

（2）不妥之处：审查的不够全面。

正确做法：还应审查施工单位现场的质量管理制度、专职管理人员的资格。

【案例54】

【背景资料】某工程，实施过程中发生如下事件：

事件2：工程开工前，施工单位将某工程的经施工单位负责人签字的施工方案提交项目监理机构，总监理工程师安排质量控制专业监理工程师组织监理员对其进行审查，经审查符合要求，专业监理工程师签署了审核意见。

【问题】事件 2 中，提交和审查施工方案存在哪些不妥？并改正。

【考点】《建设工程监理规范》第 5.2.2 条。

【参考答案】事件 2 中，提交和审查施工方案做法的不妥之处及正确做法：

（1）不妥之处：经施工单位负责人签字的施工方案提交项目监理机构。

正确做法：应经项目经理签字的施工方案提交项目监理机构。

（2）不妥之处：质量控制专业监理工程师组织监理员对施工方案进行审查。

正确做法：应由总监理工程师组织专业监理工程师对施工方案进行审查。

（3）不妥之处：专业监理工程师签署了审核意见。

正确做法：应由总监理工程师签署了审核意见。

审查施工方案包括的内容：（1）编审程序应符合相关规定；（2）工程质量保证措施应符合有关标准。

【案例 55—20200202】

【背景资料】某工程，实施过程中发生如下事件：

事件 3：因工程中采用新技术，施工单位拟采用新工艺进行施工。为了论证新工艺的可行性，施工单位组织召开专题论证会后，向项目监理机构提交了相关报审资料。

【问题】针对事件 3，写出项目监理机构对相关报审资料的处理程序。

【考点】《建设工程监理规范》第 5.2.4 条。

【参考答案】项目监理机构对相关报审资料的处理程序：专业监理工程师审查新工艺的质量认证材料和相关验收标准的适用性；审查合格后，由总监理工程师签认报审资料。

【案例 56—20150403】

【背景资料】某工程，实施过程中发生如下事件：

事件 4：施工过程中，施工单位按合同约定使用其拥有专利的新材料前，项目监理机构要求对新材料的验收标准组织专家论证。

【问题】事件 4 中，新材料验收标准应由哪家单位组织专家论证？

【考点】《建设工程监理规范》第 5.2.4 条。

【参考答案】事件 4 中，按照《建设工程监理规范》规定，新材料验收标准应由施工单位组织专家论证。

【案例 57—20140404】

【背景资料】某工程，实施过程中发生如下事件：

事件 5：专业监理工程师现场巡视时发现，施工单位在某工程部位施工过程中采用了一种新工艺，要求施工单位报送该新工艺的相关资料。

【问题】写出专业监理工程师对事件 5 的后续处理程序。

【考点】《建设工程监理规范》第 5.2.4 条。

【参考答案】专业监理工程师对事件 5 的后续处理程序包括：

（1）审查施工单位报送的新工艺的质量认证材料和相关验收标准的适用性；

（2）必要时，应要求施工单位组织专题论证；

（3）审查合格后报总监理工程师签认。

【案例58—20180302】

【背景资料】 某工程，实施过程中发生如下事件：

事件6：专业监理工程师收到施工单位报送的施工控制测量成果报验表后，检查和复核了施工单位测量人员的资格证书及测量设备检定证书。

【问题】 针对事件6，专业监理工程师对施工控制测量成果及保护措施还应检查、复核哪些内容？

【考点】《建设工程监理规范》第5.2.5条。

【参考答案】 针对事件6，专业监理工程师对施工控制测量成果及保护措施还应检查、复核的内容有施工平面控制网、高程控制网和临时水准点的测量成果及控制桩的保护措施。

【案例59—20150301】

【背景资料】 某工程，施工过程中发生如下事件：

事件7：项目监理机构收到施工单位报送的施工控制测量成果报验表后，安排监理员检查、复核报验表所附的测量人员资格证书、施工平面控制网和临时水准点的测量成果，并签署意见。

【问题】 写出事件7中的不妥之处，说明理由。项目监理机构对施工控制测量成果的检查、复核还应包括哪些内容？

【考点】《建设工程监理规范》第5.2.5条。

【参考答案】（1）事件7中的不妥之处：项目监理机构的安排监理员检查、复核与签署监理意见。

理由：安排专业监理工程师检查、复核与签署监理意见。

（2）项目监理机构对施工控制测量成果的检查、复核还应包括的内容：①测量设备检定证书；②高程控制网及控制桩的保护措施。

【案例60—20200203】

【背景资料】 某工程，实施过程中发生如下事件：

事件8：项目监理机构收到施工单位报送的试验室报审资料，内容包括：试验室报审表、试验室的资质等级及试验范围证明资料。项目监理机构审查后认为试验室证明资料不全，要求施工单位补报。

【问题】 针对事件8，施工单位应补报哪些证明资料？

【考点】《建设工程监理规范》第5.2.7条。

【参考答案】 施工单位还应补报的证明资料有：

（1）法定计量部门对试验设备出具的计量检定证明。

（2）试验室管理制度文件。

（3）试验人员资格证书。

【案例 61—20170302】

【背景资料】某工程，实施过程中发生如下事件：

事件 9：项目监理机构审查了施工单位报送的试验室资料，内容包括：试验室资质等级，试验人员资格证书。

【问题】针对事件 9，项目监理机构对试验室的审查还应包括哪些内容？

【考点】《建设工程监理规范》第 5.2.7 条。

【参考答案】项目监理机构对试验室的审查还应包括：（1）试验室的试验范围；（2）法定计量部门对试验设备出具的计量检定证明；（3）试验室管理制度。

【案例 62—20140301】

【背景资料】某工程，实施过程中发生如下事件：

事件 10：施工单位向项目监理机构报送的试验室资料包括：

（1）试验室的资质等级及试验范围；

（2）试验项目及试验方法；

（3）试验室技术负责人资格证书。

专业监理工程师审查后认为报送的资料不全，要求施工单位补充。

【问题】针对事件 10，专业监理工程师要求补充的内容有哪些？

【考点】《建设工程监理规范》第 5.2.7 条。

【参考答案】事件 10 中，专业监理工程师要求补充的内容有：

（1）法定计量部门对试验设备出具的计量检定证明。

（2）试验室管理制度。

（3）试验人员资格证书。

【案例 63】

【背景资料】某工程，实施过程中发生如下事件：

事件 11：施工过程中，建设单位采购的一批材料运抵现场，施工单位组织清点和检验并向项目监理机构报送材料合格证后即开始用于工程。项目监理机构随即发出《监理通知单》，要求施工单位停止该批材料的使用，并补报质量证明文件。后经检验，该批材料不合格。

【问题】针对事件 11，施工单位还应补报哪些质量证书文件？应该由谁来审查质量证书文件？经检验的材料不合格该怎么办？

【考点】《建设工程监理规范》第 5.2.9 条。

【参考答案】施工单位还应补报的质量证明文件包括：质量检验报告、性能检测报告以及施工单位的质量抽检报告等。应该由专业监理工程师来审查质量证书文件。经检验的材料不合格，项目监理机构应要求施工单位限期将材料撤出施工现场。

【案例 64—20150305】

【背景资料】某工程，施工过程中发生如下事件：

事件 12：由建设单位负责采购的一批钢筋进场后，施工单位发现其规格型号与合同约定不符，项目监理机构按程序对这批钢筋进行了处置。

【问题】事件 12 中，项目监理机构应如何处置该批钢筋？

【考点】《建设工程监理规范》第 5.2.9 条。

【参考答案】事件 12 中，项目监理机构对该批钢筋的处置方式：报告建设单位，经建设单位同意后与施工单位协商，能够用于本工程的，按程序办理相关手续；不能用于本工程的，要求限期清出现场。

【案例 65】

【背景资料】某工程，实施过程中发生如下事件：

事件 13：项目监理机构根据工程特点确定旁站的关键部位、关键工序，安排了专业监理工程师进行旁站，并及时记录旁站情况。

【问题】事件 13 中有哪些不妥之处？写出正确做法。

【考点】《建设工程监理规范》第 5.2.11 条。

【参考答案】事件 13 中的不妥之处及正确做法：

（1）不妥之处：根据工程特点确定旁站的关键部位、关键工序。

正确做法：根据工程特点和施工单位报送的施工组织设计，确定旁站的关键部位、关键工序。

（2）不妥之处：安排专业监理工程师进行旁站。

正确做法：应该安排监理员进行旁站。

（3）不妥之处：安排专业监理工程师记录旁站情况。

正确做法：应该安排监理员记录旁站情况。

【案例 66—20150202】

【背景资料】某工程，实施过程中发生如下事件：

事件 14：总监理工程师根据监理实施细则对巡视工作进行交底，其中对施工质量巡视提出的要求包括：①检查施工单位是否按批准的施工组织设计、专项施工方案进行施工；②检查施工现场管理人员，特别是施工质量管理人员是否到位。

【问题】事件 14 中，总监理工程师对现场施工质量巡视要求还应包括哪些内容？

【考点】《建设工程监理规范》第 5.2.12 条。

【参考答案】事件 14 中，总监理工程师对现场施工质量巡视要求还应包括的内容：

（1）施工单位是否按工程设计文件及工程建设标准施工。

（2）使用的工程材料、构配件和设备是否合格。

（3）特种作业人员是否持证上岗。

【案例 67—20180301】

【背景资料】某工程，实施过程中发生如下事件：

事件 15：为控制工程质量，项目监理机构确定的巡视内容包括：①施工单位是否按工程设计文件进行施工；②施工单位是否按批准的施工组织设计、（专项）施工方案进行施工；③施工现场管理人员特别是施工质量管理人员是否到位。

【问题】针对事件 15，项目监理机构对工程质量的巡视还应包括哪些内容？

【考点】《建设工程监理规范》第 5.2.12 条。

【参考答案】针对事件 15，项目监理机构对工程质量的巡视还应包括下列内容：

（1）施工单位是否按工程建设标准施工。

（2）使用的工程材料、构配件和设备是否合格。

（3）特种作业人员是否持证上岗。

【案例 68—20190303】

【背景资料】某工程，实施过程中发生如下事件：

事件 16：专业监理工程师对已覆盖的某隐蔽工程部位的质量产生了疑问，要求施工单位对其部位进行揭开重新检验，施工单位拒绝执行，理由是在隐蔽之前已经通知项目监理机构进行检验，不参加检验是项目监理机构的责任。

【问题】针对事件 16，专业监理工程师和施工单位的做法是否妥当？说明理由。

【考点】《建设工程监理规范》第 5.2.14 条。

【参考答案】针对事件 16，专业监理工程师的做法妥当，施工单位做法不妥当。

理由：无论监理工程师是否进行验收，当其要求对已经隐蔽的工程重新检验时，承包人应按要求进行剥离或开孔，并在检验后重新覆盖或修复。

【案例 69—20190404】

【背景资料】某工程，建设采用公开招标方式选择工程监理单位，实施过程中发生如下事件：

事件 17：监理员巡视时发现，部分设备安装存在质量问题，即签发了《监理通知单》，要求施工单位整改。整改完毕后，施工单位回复了《整改工程报验表》，要求项目监理机构对整改结果进行复查。

【问题】针对事件 17，分别指出监理员和施工单位的做法有什么不妥，并写出正确做法。

【考点】《建设工程监理规范》第 5.2.15 条。

【参考答案】事件 17 中监理员和施工单位的做法的不妥之处及正确做法：

（1）监理员的不妥之处：监理员巡视时发现，部分设备安装存在质量问题，即签发了《监理通知单》，要求施工单位整改。

正确做法：发现施工作业中的问题，监理员应及时指出并向总监理工程师或专业监理工程师报告，由总监理工程师或专业监理工程师签发《监理通知单》。

（2）施工单位的不妥之处：整改完毕后，施工单位回复了《整改工程报验表》，要求项目监理机构对整改结果进行复查。

正确做法：施工单位在收到《监理通知单》后，按要求进行整改、自查合格后，应向项目监理机构报送《监理通知回复单》。

【案例 70—20160404】

【背景资料】某工程，建设单位委托监理单位承担施工招标代理和施工监理任务，工程实施过程中发生如下时间：

事件18：监理员在巡视中发现，由分包单位施工的幕墙工程存在质量缺陷，即签发《监理通知单》要求整改。经核验，该质量缺陷需进行返工处理，为此，分包单位编制了幕墙工程返工处理方案报送项目监理机构审查。

【问题】指出事件18中的不妥之处，写出正确做法。

【考点】《建设工程监理规范》第5.2.16条。

【参考答案】事件18中的不妥之处及正确做法如下：

（1）不妥之处：监理员在巡视中发现，由分包单位施工的幕墙工程存在质量缺陷，即签发《监理通知单》要求整改。

正确做法：监理员报告监理工程师，由监理工程师根据事件的影响程度，签发监理通知单或报总监理工程师签发工程暂停令。监理通知单或工程暂停令只能向总承包单位签发，不能向分包单位签发。

（2）不妥之处：分包单位编制了幕墙工程返工处理方案报送项目监理机构审查。

正确做法：对需要返工处理或加固补强的质量缺陷，项目监理机构应要求施工单位报送经设计等相关单位认可的处理方案，并应对质量缺陷的处理过程进行跟踪检查，同时应对处理结果进行验收。

【案例71—20200303】

【背景资料】某工程，甲施工单位按合同约定将开挖深度为5m的深基坑工程分包给乙施工单位。工程实施过程中发生如下事件：

事件19：监理人员在巡视中发现，主体混凝土结构表面存在严重蜂窝、麻面。经检测，混凝土强度未达到设计要求。总监理工程师向甲施工单位签发了《工程暂停令》要求，报送质量事故调查报告。

【问题】针对事件19，根据《建设工程监理规范》写出项目监理机构的后续处理程序。

【考点】《建设工程监理规范》第5.2.17条。

【参考答案】项目监理机构的后续处理程序：

（1）要求施工单位报送经设计单位认可的处理方案；

（2）审查施工单位报送的处理方案，认可后签字确认；

（3）对事故的处理过程和处理结果进行跟踪检查和验收；

（4）验收合格后，征得建设单位同意，由总监理工程师签发工程复工令；

（5）向建设单位提交质量事故的书面报告，并将事故处理记录整理归档。

【案例72—20140303】

【背景资料】某工程，实施过程中发生如下事件：

事件20：施工过程中某工程部位发生一起质量事故，需加固补强。施工单位编写了质量事故调查报告和相关处理方案，征得建设单位同意后即开始加固补强。

【问题】分别指出事件20中施工单位和建设单位做法的不妥之处。写出项目监理机构处理该事件的正确做法。

【考点】《建设工程监理规范》第5.2.17条。

【参考答案】事件20中：

（1）施工单位不妥之处：未向项目监理机构报送质量事故调查报告。

（2）建设单位不妥之处：未经相关单位认可就同意加固补强处理方案。

（3）项目监理机构正确做法：审查施工单位报送的质量事故调查报告和经设计等相关单位认可的处理方案，并对质量事故的处理过程进行跟踪检查，同时应对处理结果进行验收。

【案例73—20150204】

【背景资料】某工程，实施过程中发生如下事件：

事件21：工程竣工验收前，总监理工程师要求：①总监理工程师代表组织工程竣工预验收；②专业监理工程师组织编写工程质量评估报告，该报告经总监理工程师审核签字后方可直接报送建设单位。

【问题】指出事件21中总监理工程师要求的不妥之处，写出正确做法。

【考点】《建设工程监理规范》第3.2.1、3.2.2、5.2.19条。

【参考答案】事件21中总监理工程师要求的不妥之处及正确做法如下：

（1）不妥之处：要求总监理工程师代表组织工程竣工预验收。

正确做法：总监理工程师应组织竣工预验收。

（2）不妥之处：要求专业监理工程师组织编写工程质量评估报告。

正确做法：工程竣工预验收合格后，由总监理工程师组织专业监理工程师编制工程质量评估报告。

（3）不妥之处：要求工程质量评估报告经总监理工程师审核签字后直接报建设单位。

正确做法：工程质量评估报告编制完成后，由项目总监理工程师及监理单位技术负责人审核签认并加盖监理单位公章后报建设单位。

【案例74—20110102】

【背景资料】某工程，监理合同履行过程中，发生如下事件：

事件22：总监理工程师对工程竣工预验收工作安排如下：专业监理工程师组织审查施工单位报送的竣工资料，总监理工程师组织工程竣工预验收。施工单位对存在的问题整改，施工单位整改完毕后，专业监理工程师签署工程竣工报审表。并负责编制工程质量评估报告。工程质量评估报告经总监理工程师审核签字后报送建设单位。

【问题】指出事件22中总监理工程师对工程竣工预验收工作安排的不妥之处，并写出正确安排。

【考点】《建设工程监理规范》第5.2.18、5.2.19条。

【参考答案】事件22中总监理工程师对工程竣工预验收工作安排的不妥之处以及正确安排。

（1）不妥之处：专业监理工程师组织审查施工单位报送的竣工资料。

正确安排：总监理工程师组织专业监理工程师施工单位报送的竣工资料进行审查。

（2）不妥之处：专业监理工程师签署工程竣工报审表。

正确安排：由总监理工程师签署工程竣工报审表。

（3）不妥之处：专业监理工程师负责编制工程质量评估报告。

正确安排：由总监理工程师提出工程质量评估报告。

（4）不妥之处：工程质量评估报告经总监理工程师审核签字后报送建设单位。

正确安排：工程质量评估报告经总监理工程师和监理单位技术负责人审核签字后报送建设单位。

【案例75—20180104】

【背景资料】某工程，实施过程中发生如下事件：

事件23：工程完工经自检合格后，施工单位向项目监理机构报送了工程竣工验收报审表及竣工资料，申请工程竣工验收。总监理工程师组织各专业监理工程师审查了竣工资料，认为施工过程中已对所有分部分项工程进行验收且均合格，随即在工程竣工验收报审表中签署了预验收合格的意见。

【问题】根据《建设工程监理规范》，指出事件23中总监理工程师做法的不妥之处，写出总监理工程师在工程竣工预验收中还应组织完成的工作。

【考点】《建设工程监理规范》第5.2.20条。

【参考答案】根据《建设工程监理规范》，事件23中总监理工程师做法的不妥之处如下：总监理工程师组织各专业监理工程师审查了竣工资料；总监理工程师在工程竣工验收报审表中签署了预验收合格的意见。

总监理工程师在工程竣工预验收中还应组织完成的工作：总监理工程师在收到竣工验收报审表及竣工资料后，组织专业监理工程师进行审查并进行预验收，合格后签署预验收意见。工程竣工预验收合格后，项目监理机构应编写工程质量评估报告，并应经总监理工程师和工程监理单位技术负责人审核签字后报建设单位。

【案例76—20140304】

【背景资料】某工程，实施过程中发生如下事件：

事件24：工程竣工验收阶段，施工单位完成自检工作后，填写了工程竣工验收报审表，并将全部竣工资料报送项目监理机构申请竣工验收。总监理工程师认为施工过程中均按要求进行了验收，即签署了工程竣工验收报审表，并向建设单位提交了工程质量评估报告。建设单位收到工程质量评估报告后，即将该工程正式投入使用。

【问题】事件24中，指出总监理工程师做法的不妥之处，写出正确做法。建设单位的做法是否正确？说明理由。

【考点】《建设工程监理规范》第5.2.19与5.2.20条。

【参考答案】事件24中：

（1）总监理工程师未组织工程竣工预验收不妥。

正确做法：总监理工程师应组织工程竣工预验收，并签署单位工程竣工验收报审表。

（2）建设单位的做法不正确。

理由：建设单位收到工程质量评估报告后，应组织工程验收。验收合格并备案后方可使用该工程。

【案例 77】

【背景资料】某工程，实施过程中发生如下事件：

事件1：项目监理机构安排监理员对施工单位在工程款支付报审表中提交的工程量和支付金额进行复核；专业监理工程师确定了实际完成的工程量，提出到期应支付给施工单位的金额，并提出相应的支持性材料；专业监理工程师对总监理工程师代表提出的审查意见进行了审核，签认后报项目监理机构审批；总监理工程师根据项目监理机构的审批意见，向施工单位签发工程款支付证书。

【问题】指出事件1中项目监理机构安排的不妥之处，并写出正确做法。

【考点】《建设工程监理规范》第5.3.1条。

【参考答案】项目监理机构安排的不妥之处及正确做法

（1）不妥之处：监理员对施工单位在工程款支付报审表中提交的工程量和支付金额进行复核。

正确做法：由专业监理工程师进行复核。

（2）不妥之处：专业监理工程师对总监理工程师代表提出的审查意见进行了审核。

正确做法：总监理工程师对专业监理工程师的审查意见进行审核。

（3）不妥之处：专业监理工程师签认后报项目监理机构审批。

正确做法：总监理工程师签认后报建设单位审批。

（4）不妥之处：总监理工程师根据项目监理机构的审批意见，向施工单位签发工程款支付证书。

正确做法：总监理工程师根据建设单位的审批意见，向施工单位签发工程款支付证书。

【案例 78】

【背景资料】某工程，实施过程中发生如下事件：

事件2：项目监理机构在统计施工单位5月份的月完成工程量时，发现实际完成量与计划完成量有偏差，要求施工单位提出调整建议，并要求在施工月报中向项目监理机构报告。

【问题】事件2中，项目监理机构做法存在哪些不妥之处？说明理由。

【考点】《建设工程监理规范》第5.3.2条。

【参考答案】事件2中，项目监理机构做法的不妥之处及理由：

（1）不妥之处：项目监理机构要求施工单位提出调整建议。

理由：应由项目监理机构提出调整建议。

（2）不妥之处：要求在施工月报中向项目监理机构报告。

理由：项目监理机构应在监理月报中向建设单位报告。

【案例79】

【背景资料】某工程，实施过程中发生如下事件：

事件3：项目监理机构在收到施工单位提交的竣工结算款支付申请后，安排总监理工程师代表对其进行了审查，并提出了审查意见；专业监理工程师对总监理工程师代表的审查意见进行审核；总监理工程师签认后报建设单位审批，同时抄送了设计单位；达成一致意见后，总监理工程师根据建设单位的审批意见向施工单位签发了竣工结算款支付证书。

【问题】指出事件3中的不妥之处，并改正。

【考点】《建设工程监理规范》第5.3.4条。

【参考答案】事件3中的不妥之处及正确做法：

（1）不妥之处：安排总监理工程师代表审查工结算款支付申请，并提出了审查意见。

正确做法：应该由专业监理工程师审查施工单位提交的竣工结算款支付申请，提出审查意见。

（2）不妥之处：专业监理工程师对总监理工程师代表的审查意见进行审核。

正确做法：应该由总监理工程师对专业监理工程师的审查意见进行审核。

（3）不妥之处：总监理工程师签认的竣工结算款支付申请同时抄送了设计单位。

正确做法：应该抄送施工单位。

【案例80—20140401】

【背景资料】某工程，实施过程中发生如下事件：

事件1：工程开工前，施工单位按要求编制了施工总进度计划和阶段性施工进度计划，按相关程序审核后报项目监理机构审查。专业监理工程师审查的内容有：

（1）施工进度计划中主要工程项目有无遗漏，是否满足分批动用的需要。

（2）施工进度计划是否符合建设单位提供的资金、施工图纸、施工场地、物资等条件。

【问题】事件1中，专业监理工程师对施工进度计划还应审查哪些内容？

【考点】《建设工程监理规范》5.4.1条。

【参考答案】事件1中，专业监理工程师还应审查的内容：

（1）施工进度计划是否符合施工合同中工期的约定；

（2）施工进度计划是否满足分批投入试运的需要，阶段性施工进度计划是否满足总进度控制目标的要求；

（3）施工顺序的安排是否符合施工工艺要求；

（4）施工人员、工程材料、施工机械等资源供应计划是否满足施工进度计划的需要。

【案例81】

【背景资料】某工程，实施过程中发生如下事件：

事件2：工程开工前，施工单位按要求编制了施工总进度计划，提交项目监理机构审查。经监理员审查后，由专业监理工程师审核并报建设单位。

【问题】指出事件2中的不妥之处，写出正确做法。

【考点】《建设工程监理规范》第5.4.1条。

【参考答案】事件2中的不妥之处及正确做法：

（1）不妥之处：监理员审查施工总进度计划。

正确做法：应由专业监理工程师审查施工总进度计划。

（2）不妥之处：专业监理工程师审核并报建设单位。

正确做法：应由总监理工程师审核后报建设单位。

【案例82】

【背景资料】某工程，实施过程中发生如下事件：

事件3 项目监理机构在检查施工进度计划的实施情况时发现实际进度严重滞后于计划进度且影响合同工期，监理员随即签发了监理通知单，并要求施工单位采取调整措施加快施工进度。同时专业监理工程师报告了建设单位。建设单位要求：项目监理机构要通过对工程项目的实际进度与计划进度的分析，预测实际进度可能对工程总工期的影响，并应向建设单位报告工程实际进展情况。

【问题】指出事件3中的不妥之处并改正。项目监理机构对预测实际进度可能对工程总工期的影响通过什么向建设单位报告？

【考点】《建设工程监理规范》第5.4.3、5.4.4条。

【参考答案】事件3中的不妥之处及正确做法：

（1）不妥之处：监理员签发监理通知单。

正确做法：应由总监理工程师或专业监理工程师签发监理通知单。

（2）不妥之处：专业监理工程师将进度严重滞后报告了建设单位。

正确做法：应由总监理工程师报告建设单位。

项目监理机构对预测实际进度可能对工程总工期的影响通过监理月报向建设单位报告。

【案例83—20170102】

【背景资料】某工程，实施过程中发生如下事件：

事件4：总监理工程师对项目监理机构的部分工作安排如下：

（1）造价控制组：①研究制定预防索赔措施；②审查确认分包单位资格；③审查施工组织设计与施工方案。

（2）质量控制组：①检查成品保护措施；②审查分包单位资格；③审批工程延期。

【问题】逐项指出事件4中总监理工程师对造价控制组和质量控制组的工作安排是否妥当。

【考点】《建设工程监理规范》第5.2、5.3、5.4节的综合题型。

【参考答案】（1）总监理工程师对造价控制组的安排不妥当，审查确认分包单位资格和审查施工组织设计与施工方案均属于质量控制组工作。

（2）总监理工程师对质量控制组的安排不妥当，审批工程延期属于进度控制组工作。

【案例84】

【背景资料】某工程，实施过程中发生如下事件：

事件1：在安全生产管理的具体监理工作中，项目监理机构审查了施工单位现场安全生产规章制度的建立和实施情况、施工单位项目经理的资格、施工机械和设施的安全许可验收手续。

【问题】根据《建设工程监理规范》，事件1中，安全生产管理的具体监理工作还应该审查哪些内容？

【考点】《建设工程监理规范》第5.5.2条。

【参考答案】事件1中，安全生产管理的具体监理工作还应该审查：施工单位安全生产许可证、施工单位专职安全生产管理人员的资格、施工单位特种作业人员的资格。

【案例85—20190202】

【背景资料】某工程，施工单位通过招标将桩基及土方开挖工程发包给某专业分包单位，并与预拌混凝土供应商签订了采购合同。实施过程中发生如下事件：

事件2：专业分包单位编制了深基坑土方开挖专项施工方案，经专业分包单位技术负责人签字后，报送项目监理机构审查的同时开始了挖土作业，并安排施工现场技术负责人兼任专职安全管理人员负责现场监督。专业监理工程师发现上述情况后及时报告总监理工程师，并建议签发《工程暂停令》。

【问题】针对事件2，专业分包单位的做法有什么不妥？写出正确做法。

【考点】《建设工程监理规范》第5.5.3条。

【参考答案】事件2中专业分包单位做法的不妥之处及正确做法：

（1）不妥之处：深基坑土方开挖专项施工方案经专业分包单位技术负责人签字后，报送项目监理机构审查。

正确做法：专项施工方案应当由总承包施工单位技术负责人及相关专业分包单位技术负责人签字。

（2）不妥之处：报送项目监理机构审查的同时开始了挖土作业。

正确做法：达到一定规模的危险性较大的分部分项工程编制专项施工方案，附具安全验算结果，经施工单位技术负责人、总监理工程师签字后实施。

（3）不妥之处：安排施工现场技术负责人兼任专职安全管理人员负责现场监督。

正确做法：施工单位应当严格按照专项方案组织施工，安排专职安全管理人员实施管理进行现场监督。

【案例86—20170305】

【背景资料】某工程，实施过程中发生如下事件：

事件3 施工单位按照合同约定将钢结构屋架吊装工程分包给具有相应资质和业绩

的专业施工单位。分包单位将由其项目经理签字认可的专项施工方案直接报送项目监理机构，专业监理工程师审核后批准了该专项施工方案。

【问题】分别指出事件 3 中分包单位和专业监理工程师做法的不妥之处，写出正确做法。

【考点】《建设工程监理规范》第 5.5.3 条。

【参考答案】事件 3 中分包单位和专业监理工程师做法的不妥之处与正确做法：

（1）分包单位的不妥之处：分包单位将由其项目经理签字认可的专项施工方案直接报送项目监理机构。

正确做法：分包单位的专项施工方案应由分包单位项目经理编制、技术负责人签字后，交给总包单位，经总包单位技术负责人审查、签字后，由总包单位提交项目监理机构审核。

（2）专业监理工程师的不妥之处：专业监理工程师审核并批准了分包单位提交的专项施工方案。

正确做法：在总监理工程师的组织下，专业监理工程师应审查总包单位的专项施工方案，并将审查意见提交给总监理工程师。

【案例 87—20150302】

【背景资料】某工程，施工过程中发生如下事件：

事件 4：施工单位在编制搭设高度为 28m 的脚手架工程专项施工方案的同时，项目经理即安排施工人员开始搭设脚手架，并兼任施工现场安全生产管理人员，总监理工程师发现后立即向施工单位签发了监理通知单要求整改。

【问题】指出事件 4 中施工单位做法的不妥之处，写出正确做法。

【考点】《建设工程监理规范》第 5.5.3 条。

【参考答案】事件 4 中施工单位做法的不妥之处及正确做法如下：

（1）不妥之处：施工单位在编制搭设高度为 28m 的脚手架工程专项施工方案的同时，项目经理即安排施工人员开始搭设脚手架。

正确做法：编制专项施工方案后，附具安全验算结果，经施工单位技术负责人、总监理工程师签字后才可安排搭建脚手架。

（2）不妥之处：项目经理兼任施工现场安全生产管理人员。

正确做法：施工单位应配备专职安全生产管理人员。

【案例 88—20140204】

【背景资料】某工程分 A、B 两个监理标段同时进行招标，建设单位规定参与投标的监理单位只能选择 A 或 B 标段进行投标。工程实施过程中，发生如下事件：

事件 5：建设单位与施工单位按《建设工程施工合同（示范文本）》GF—2013—0201 签订了施工合同，施工单位按合同约定将土方开挖工程分包，分包单位在土方开挖工程开工前编制了深基坑工程专项施工方案并进行了安全验算，经分包单位技术负责人审核签字后，即报送项目监理机构。

【问题】指出事件5中有哪些不妥，分别写出正确做法。

【考点】《建设工程监理规范》第5.5.3条。

【参考答案】事件5中的不妥之处及正确做法如下：

（1）不妥之处：深基坑工程专项施工方案由分包单位技术负责人审核签字后即报送项目监理机构。

正确做法：专项施工方案应经施工单位技术负责人审核签字。

（2）不妥之处：专项施工方案未经专家论证审查。

正确做法：专项施工方案必须经专家论证审查。

（3）不妥之处：分包单位向项目监理机构报送专项施工方案。

正确做法：应由施工单位报送项目监理机构。

【案例89—20130103】

【背景资料】某工程，实施过程中发生如下事件：

事件6：深基坑分项工程施工前，施工单位项目经理审查该分项工程的专项施工方案后，即向项目监理机构报送，在项目监理机构审批该方案过程中就组织队伍进场施工，并安排质量员兼任安全生产管理员对现场施工安全进行监督。

【问题】事件6中，施工单位项目经理的做法有哪些不妥之处？分别写出正确做法。

【考点】《建设工程监理规范》第5.5.3条与《建设工程安全生产管理条例》。

【参考答案】事件6中，施工单位项目经理做法的不妥之处及正确做法：

（1）不妥之处：深基坑分项工程施工前，施工单位项目经理审查该分项工程的专项施工方案后，即向项目监理机构报送。

正确做法：报送施工单位技术部门，施工单位技术负责人审查该分项工程的专项施工方案，并附具安全验算结果，施工单位还应当组织专家对该分项工程的专项施工方案进行专家论证、审查后，向项目监理机构报送。

（2）不妥之处：在项目监理机构审批该方案过程中就组织队伍进场施工。

正确做法：专项施工方案经总监理工程师签字后实施。

（3）不妥之处：安排质量员兼任安全生产管理员对现场施工安全进行监督。

正确做法：应该由专职安全生产管理人员进行现场安全监督。

【案例90—20150103】

【背景资料】某工程，实施过程中发生如下事件：

事件7：专业监理工程师编写的深基坑工程监理实施细则主要内容包括：专业工程特点、监理工作方法及措施。其中，在监理工作方法及措施中提出：①要加强对深基坑工程施工巡视检查；②发现施工单位未按深基坑工程专项施工方案施工的，应立即签发工程暂停令。

【问题】指出事件7中监理工作方法及措施中提到的具体要求是否妥当并说明理由。

【考点】《建设工程监理规范》第5.5.5条。

【参考答案】对监理工作方法及措施中提到的具体要求妥当与否的判断及理由如下：

（1）第①项妥当。

理由：深基坑工程属危险性较大的分部分项工程。

（2）第②项不妥。

理由：应签发监理通知单而不是签发工程暂停令。

【案例91—20160204】

【背景资料】某工程，实施过程中发生如下事件：

事件8：施工单位编制了高大模板工程的专项施工方案，并组织专家论证、审核后报送项目监理机构审批。总监理工程师审核签字后即交由施工单位实施。施工过程中，专业监理工程师巡视发现，施工单位未按专项施工方案组织施工，且存在安全事故隐患，便立刻报告了总监理工程师。总监理工程师随即与施工单位进行沟通，施工单位解释：为保证施工工期，调整了原专项施工方案中确定的施工顺序，保证不存在安全问题。总监理工程师现场察看后认可施工单位的解释，故未要求施工单位采取整改措施。结果，由上述隐患导致发生了安全事故。

【问题】指出事件8中的不妥之处，写出正确做法。

【考点】《建设工程监理规范》第5.5.3、5.5.5、5.5.6条。

【参考答案】事件8中的不妥之处及正确做法如下：

（1）不妥之处：施工单位编制了高大模板工程地专项施工方案，并组织专家论证、审核后报送项目监理机构审批。总监理工程师审核签字后即交由施工单位实施。

正确做法：专项施工方案应当报送施工单位技术部门，组织专家论证审查，经施工单位技术负责人签字后，才能报送项目监理机构审查。项目监理机构应审查施工单位报审的专项施工方案，符合要求的，应由总监理工程师签认后报建设单位。

（2）不妥之处：总监理工程师随即与施工单位进行沟通。

正确做法：项目监理机构应巡视检查危险性较大的分部分项工程专项施工方案实施情况。项目监理机构在实施监理过程中，发现工程存在安全事故隐患时，应签发监理通知单，要求施工单位整改；情况严重时，应签发工程暂停令，并应及时报告建设单位。施工单位拒不整改或不停止施工时，项目监理机构应及时向有关主管部门报送监理报告。

（3）不妥之处：总监理工程师现场察看后认可施工单位的解释，故未要求施工单位采取整改措施。

正确做法：专项施工方案需要调整时，施工单位应按程序重新提交项目监理机构审查。即施工单位修改方案应当报送施工单位技术部门，再次组织专家论证审查，经施工单位技术负责人签字后，才能报送项目监理机构审查。项目监理机构应审查施工单位报审的专项施工方案，符合要求的，应由总监理工程师签认后报建设单位。专项施工方案经过重新审查后，方可继续施工。

【案例 92—20140104】

【背景资料】某工程，实施过程中发生如下事件：

事件 9：专业监理工程师巡视施工现场时，发现正在施工的部位存在安全事故隐患，立即签发《监理通知单》，要求施工单位整改，施工单位拒不整改，总监理工程师拟签发《工程暂停令》，要求施工单位停止施工，建设单位以工期紧为由不同意停工，总监理工程师没有签发《工程暂停令》，也没有及时向有关主管部门报告。最终因该事故隐患未能及时排除而导致严重的生产安全事故。

【问题】分别指出事件 9 中建设单位、施工单位和总监理工程师对该生产安全事故是否承担责任，并说明理由。

【考点】《建设工程监理规范》第 5.5.6 条。

【参考答案】事件 9 中，建设单位、施工单位和总监理工程师对生产安全事故的责任承担及理由如下：

（1）建设单位有责任，因建设单位不同意总监理工程师签发《工程暂停令》。

（2）施工单位有责任，因施工单位收到《监理通知单》后拒不整改。

（3）总监理工程师有责任，因没有签发《工程暂停令》，也没有向有关主管部门报告。

【案例 93—20180103】

【背景资料】某工程，实施过程中发生如下事件：

事件 10：总监理工程师在巡视中发现，施工现场有一台起重机械安装后未经验收即投入使用，且存在严重安全事故隐患，总监理工程师随即向施工单位签发监理通知单要求整改，并及时报告建设单位。

【问题】指出事件 10 中总监理工程师的做法不妥之处，说明理由。写出要求施工单位整改的内容。

【考点】《建设工程监理规范》第 5.5.6 条。

【参考答案】事件 10 中总监理工程师的做法不妥之处：总监理工程师随即向施工单位签发监理通知单要求整改。

理由：施工现场有一台起重机械安装后未经验收即投入使用，且存在严重安全事故隐患，总监理工程师应向施工单位签发工程暂停令，并及时向建设单位报告。施工单位拒不整改或不停止施工时，项目监理机构应及时向有关主管部门报送监理报告。

要求施工单位应整改的内容：监理机构应要求施工单位停止使用该起重机械。施工单位在使用施工起重机械前，应当组织有关单位进行验收，也可以委托具有相应资质的检验检测机构进行验收；使用承租的机械设备和施工机具及配件的，应由施工总承包单位、分包单位、出租单位和安装单位共同进行验收，验收合格的方可使用。当暂停施工原因消失、具备复工条件时，施工单位提出复工申请的，项目监理机构应审查施工单位报送的工程复工报审表及有关材料，符合要求后，总监理工程师应及时签署审查意见，并应报建设单位批准后签发工程复工令；施工单位未提出复工申请的，总监理工程师应根据工程实际情况指令施工单位恢复施工。施工单位可以启用该施工机械。

【案例 94—20190101】

【背景资料】某工程，实施过程中发生如下事件：

事件 11：总监工程师组织编写监理规划时，明确建立工作的部分内容如下：①审核分包单位资格；②核查施工机械和设备的安全许可验收手续；③检查试验室资质；④审核费用索赔；⑤审查施工总进度计划；⑥工程计量和付款签证；⑦审查施工单位提交的工程款支付报审表；⑧参与工程竣工验收。

【问题】针对事件 11，将所列的监理工作内容按质量控制、造价控制、进度控制和安全生产管理工作分别进行归类。

【考点】《建设工程监理规范》第 5.1、5.2、5.3、5.4、5.5 节。

【参考答案】

（1）质量控制工作：审核分包单位资格、检查试验室资质、参与工程竣工验收。

（2）造价控制工作：审核费用索赔、工程计量和付款签证、审查施工单位提交的工程款支付报审表。

（3）进度控制工作：审查施工总进度计划。

（4）安全生产管理工作：核查施工机械和设备的安全许可验收手续。

六、工程变更、索赔及施工合同争议处理

【案例 95】

【背景资料】某工程，实施过程中发生如下事件：

事件 1：建设单位要求项目监理机构的总监理工程师在签发工程暂停令时可确定停工范围，不需报送建设单位批准。

【问题】事件 1，总监理工程师根据什么来确定停工范围？总监理工程师应按什么的约定签发工程暂停令？

【考点】《建设工程监理规范》第 6.2.1 条。

【参考答案】总监理工程师在签发工程暂停令时，可根据停工原因的影响范围和影响程度，确定停工范围。总监理工程师应按施工合同和建设工程监理合同的约定签发工程暂停令。

【案例 96—20190102】

【背景资料】某工程，实施过程中发生如下事件：

事件 2：在第一次工地会议上，总监理工程师明确签发《工程暂停令》的情形包括：①隐蔽工程验收不合格的；②施工单位拒绝项目监理机构管理的；③施工存在重大质量、安全事故隐患的；④发生质量、安全事故的；⑤调整工程施工进度计划的。

【问题】指出事件 2 中总监理工程师的不妥之处，依据《建设工程监理规范》，还有哪些情形应签发《工程暂停令》？

【考点】《建设工程监理规范》第 6.2.2 条。

【参考答案】

事件 2 中总监理工程师的不妥之处：隐蔽工程验收不合格与调整工程施工进度计划时不应该签发工程暂停令。

依据《建设工程监理规范》，还有以下情形应签发《工程暂停令》：

（1）建设单位要求暂停施工且工程需要暂停施工的；

（2）施工单位未经批准擅自施工的；

（3）施工单位未按审查通过的工程设计文件施工的；

（4）施工单位违反工程建设强制性标准的。

【案例 97—20190203】

【背景资料】某工程，施工单位通过招标将桩基及土方开挖工程发包给某专业分包单位，并与预拌混凝土供应商签订了采购合同。实施过程中发生如下事件：

事件 3：专业分包单位编制了深基坑土方开挖专项施工方案，经专业分包单位技术负责人签字后，报送项目监理机构审查的同时开始了挖土作业，并安排施工现场技术负责人兼任专职安全管理人员负责现场监督。专业监理工程师发现上述情况后及时报告总监理工程师，并建议签发《工程暂停令》。

【问题】针对事件 3，专业监理工程师的做法是否正确？说明专业监理工程师建议签发《工程暂停令》的理由。

【考点】《建设工程监理规范》第 6.2.2 条。

【参考答案】事件 3 中专业监理工程师的做法正确。

理由：深基坑土方开挖专项施工方案未经批准施工单位就擅自施工，使得施工现场存在安全隐患，因此专业监理工程师建议签发《工程暂停令》。

【案例 98—20150303】

【背景资料】某工程，施工过程中发生如下事件：

事件 4：施工单位在编制搭设高度为 28m 的脚手架工程专项施工方案的同时，项目经理即安排施工人员开始搭设脚手架，并兼任施工现场安全生产管理人员，总监理工程师发现后立即向施工单位签发了监理通知单要求整改。

【问题】指出事件 4 中总监理工程师做法的不妥之处，写出正确做法。

【考点】《建设工程监理规范》第 6.2.2、6.2.3 条。

【参考答案】事件 4 中总监理工程师做法的不妥之处：向施工单位签发监理通知单。

正确做法：总监理工程师签发工程暂停令，并应事先征得建设单位同意。

【案例 99—20150102】

【背景资料】某工程，实施过程中发生如下事件：

事件 5：在第一次工地会议上，总监理工程师提出以下两方面要求，一是签发工程暂停令的情形包括：①建设单位要求暂停施工的；②施工单位拒绝项目监理机构管理的；③施工单位采用不适当的施工工艺或施工不当，造成工程质量不合格的。二是签发监理通知单的情形包括：①施工单位违反工程建设强制性标准的；②施工存在重大质量、安全事故隐患的。

【问题】指出事件5中签发工程暂停令和监理通知单情形的不妥项，并写出正确做法。

【考点】《建设工程监理规范》第6.2.2条。

【参考答案】事件5中签发工程暂停令的不妥项及正确做法如下：

（1）第①项不妥。

正确做法：建设单位要求暂停施工且工程需要暂停施工的。

（2）第③项不妥。

正确做法：项目监理机构应签发监理通知单。

事件2中签发监理通知单的不妥项及正确做法如下：

（1）第①项不妥。

正确做法：应签发工程暂停令。

（2）第②项不妥。

正确做法：应签发工程暂停令。

【案例100—20170202】

【背景资料】某工程，参照定额工期确定的合理工期为1年，建设单位与施工单位按此签订施工合同，工程实施过程中发生如下事件：

事件6：在基础工程施工中，项目监理机构发现有部分构件出现较大裂缝，为此总监理工程师签发《工程暂停令》，经检测及设计验算，需进行加固补强，施工单位向项目监理机构报送了质量事故调查报告和加固补强方案。项目监理机构按工作程序进行处置后，签发《工程复工令》。

【问题】针对事件6，写出项目监理机构在签发《工程复工令》之前需要进行的工作程序。

【考点】《建设工程监理规范》第6.2.7条。

【参考答案】项目监理机构在签发《工程复工令》之前需要进行的工作程序：（1）要求施工单位报送质量事故调查报告和经设计等相关单位认可的处理方案。（2）在收到施工单位报送的《工程复工报审表》及有关材料后，应对施工单位的整改过程、结果进行检查、验收。（3）如果施工单位的整改过程、结果经验收符合要求，总监理工程师应及时签署审批意见，并报建设单位批准。

【案例101—20180203】

【背景资料】某工程，实施过程中发生如下事件：

事件7：施工中发现地质情况与地质勘察报告不符，施工单位提出工程变更申请。项目监理机构审查后，认为该工程变更涉及设计文件修改，在提出审查意见后将工程变更申请报送建设单位。建设单位委托原设计单位修改了设计文件。项目监理机构收到修改的设计文件后，立即要求施工单位据此安排施工，并在施工前组织了设计交底。

【问题】指出事件 7 中项目监理机构做法的不妥之处，写出正确的处理程序。

【考点】《建设工程监理规范》第 6.3.1 条。

【参考答案】事件 7 中项目监理机构做法的不妥之处：

（1）不妥之处一：项目监理机构收到修改的设计文件后，立即要求施工单位据此安排施工。

（2）不妥之处二：项目监理机构在施工前组织了设计交底。

项目监理机构可按下列程序处理施工单位提出的工程变更：

（1）总监理工程师组织专业监理工程师审查施工单位提出的工程变更申请，提出审查意见。对涉及工程设计文件修改的工程变更，应由建设单位转交原设计单位修改工程设计文件。必要时，项目监理机构应建议建设单位组织设计、施工等单位召开专题会议，论证工程设计文件的修改方案。

（2）总监理工程师组织专业监理工程师对工程变更费用及工期影响作出评估。

（3）总监理工程师组织建设单位、施工单位等共同协商确定工程变更费用及工期变化，会签工程变更单。

（4）项目监理机构根据批准的工程变更文件监督施工单位实施工程变更。

【案例 102—20160502】

【背景资料】某工程，施工过程中发生如下事件：

事件 8：工作 C 开始后，施工单位向项目监理机构提交了工程变更申请，由于该项工程变更不涉及修改设计图纸，施工单位要求总监理工程师尽快签发工程变更单。

【问题】针对事件 8，写出项目监理机构处理工程变更的程序。

【考点】《建设工程监理规范》第 6.3.1 条。

【参考答案】针对事件 8，项目监理机构处理工程变更的程序如下：

（1）总监理工程师组织专业监理工程师审查施工单位提出的工程变更申请，提出审查意见。

（2）总监理工程师根据实际情况、工程变更文件和其他相关资料，在专业监理工程师对工程变更引起的增减工程量、费用变化及对工期的影响分析的基础上，对工程变更费用及工期影响作出评估。

（3）总监理工程师组织建设单位、施工单位等共同协商确定工程变更费用及工期变化，会签工程变更单。

（4）项目监理机构根据批准的工程变更文件监督施工单位实施工程变更。

【案例 103】

【背景资料】某工程，实施过程中发生如下事件：

事件 9：某工作开始后，施工单位向项目监理机构提交了工程变更申请，项目监理机构按程序实施了变更。变更实施后，项目监理机构与建设单位、施工单位等协商确定工程变更的计价原则、计价方法或价款。

【问题】请指出事件 9 中的不妥之处，并改正。如果建设单位与施工单位未能就工程变更费用达成协议时，项目监理机构应该怎么办？工程变更款项最终结算应以什么为依据？

【考点】《建设工程监理规范》第 6.3.3、6.3.4 条。

【参考答案】事件 9 中的不妥之处：变更实施后协商确定工程变更的计价原则、计价方法或价款。

正确做法：应该在变更实施前协商确定。

如果建设单位与施工单位未能就工程变更费用达成协议时，项目监理机构应该提出一个暂定价格并经建设单位同意，作为临时支付工程款的依据。

工程变更款项最终结算时，应以建设单位与施工单位达成的协议为依据。

【案例 104】

【背景资料】某工程，施工过程中发生如下事件：

事件 10：工作 B 完成后，验槽发现工程地质情况与设计不符、设计变更导致工作 D 和 E 分别比原计划推迟 10d 和 5d 开始施工，造成施工单位窝工损失 15 万元。施工单位向项目监理机构提出索赔，要求工程延期 15d、窝工损失补偿 15 万元。

【问题】事件 10 中，项目监理机构处理索赔的主要依据有哪些？

【考点】《建设工程监理规范》第 6.4.2 条。

【参考答案】事件 10 中，项目监理机构处理索赔的主要依据包括：法律法规；勘察设计文件、施工合同文件；工程建设标准；索赔事件的证据。

【案例 105—20080204】

【背景资料】某工程，建设单位委托具有相应资质的监理单位承担施工招标代理和施工阶段监理任务，拟通过公开招标方式分别选择建安工程施工、装修工程设计和装修工程施工单位。

在工程实施过程中，发生如下事件：

事件 11：在施工时，装修工程施工单位发现图纸错误，导致装修工程局部无法正常进行，虽然不会影响总工期，但造成了工人窝工等损失。装修工程施工单位向项目监理机构提出变更设计和费用索赔的申请。

【问题】根据《建设工程监理规范》的规定，写出事件 11 中项目监理机构处理费用索赔的程序。

【考点】《建设工程监理规范》第 6.4.3 条。

【参考答案】根据《建设工程监理规范》的规定，事件 11 中项目监理机构处理费用索赔的程序：

（1）受理施工单位在施工合同规定的期限内提交的费用索赔意向通知书；

（2）收集与索赔有关的资料；

（3）受理施工单位在施工合同规定的期限内提交的费用索赔报审表；

（4）审查费用索赔报审表；

（5）与建设单位和施工单位协商一致后，在施工合同约定的期限内签发费用索赔报审表，并报建设单位。

【案例 106】

【背景资料】某工程，实施过程中发生如下事件：

事件 12：在某工作发生工程变更后，施工单位向项目监理机构提出费用索赔要求，项目监理机构没有批准其索赔，原因是不能满足费用索赔的条件。

【问题】事件 12 中，项目监理机构批准施工单位费用索赔应满足的条件有哪些？

【考点】《建设工程监理规范》第 6.4.5 条。

【参考答案】项目监理机构批准施工单位费用索赔应同时满足下列条件：

（1）施工单位在施工合同约定的期限内提出费用索赔。

（2）索赔事件是因非施工单位原因造成，且符合施工合同约定。

（3）索赔事件造成施工单位直接经济损失。

【案例 107】

【背景资料】某工程，实施过程中发生如下事件：

事件 13：在施工时，施工单位由于建设单位供应的材料不合格，造成施工进度滞后，向项目监理机构提出了工期延期的要求，经总监理工程师审核后批准了工程延期。

【问题】事件 13 中，总监理工程师审核后批准了工程延期是否正确？说明理由。施工单位在提出工程延期申请时，应该提供哪些报审表？项目监理机构在作出工程临时延期批准和工程最终延期批准前，应与哪些单位协商？

【考点】《建设工程监理规范》第 6.5.2、6.5.3 条。

【参考答案】总监理工程师审核后批准了工程延期不正确。理由：总监理工程师审核后要报建设单位批准。

施工单位在提出工程延期申请时，应该提供阶段性工程临时延期报审表、工程最终延期报审表。

项目监理机构在作出工程临时延期批准和工程最终延期批准前，应与建设单位和施工单位协商。

【案例 108】

【背景资料】某工程，实施过程中发生如下事件：

事件 14：在某工作发生工程变更后，施工单位向项目监理机构提出工期延期的要求，项目监理机构没有批准其要求，理由是不能满足工期延期的条件。

【问题】事件 14 中，项目监理机构批准施工单位费用索赔应满足的条件有哪些？

【考点】《建设工程监理规范》第 6.5.4 条。

【参考答案】项目监理机构批准工程延期应同时满足的三个条件：

（1）施工单位在施工合同约定的期限内提出工程延期。

（2）因非施工单位原因造成施工进度滞后。

（3）施工进度滞后影响到施工合同约定的工期。

【案例 109】

【背景资料】某工程，实施过程中发生如下事件：

事件 15：建设单位和施工单位就合同某一条款产生了争议，项目监理机构及时了解合同争议情况，并与合同争议双方进行磋商。要求建设单位和施工单位暂停履行合同，由于没有协商一致，把合同争议提请仲裁机构仲裁。

【问题】事件 15 中，项目监理机构就处理合同争议时，除了以上工作外，还应该进行哪些工作？项目监理机构要求暂停履行合同是否妥当？说明理由。提请仲裁机构仲裁后由谁来提供与争议有关的证据？

【考点】《建设工程监理规范》第 6.6.1、6.6.2、6.6.3 条。

【参考答案】项目监理机构就处理合同争议时，除了以上工作外，还应该进行的工作：（1）提出处理方案后，由总监理工程师进行协调；（2）当双方未能达成一致时，总监理工程师应提出处理合同争议的意见。

项目监理机构要求暂停履行合同不妥当。理由：项目监理机构在施工合同争议处理过程中，对未达到施工合同约定的暂停履行合同条件的，应要求施工合同双方继续履行合同。

提请仲裁机构仲裁后由项目监理机构来提供与争议有关的证据。

【案例 110】

【背景资料】某工程，实施过程中发生如下事件：

事件 16：在工程进行到第 3 个月时，由于建设单位的原因，导致了施工合同解除，项目监理机构与建设单位进行了协商，确定了施工单位应得款项包括施工单位按施工合同约定已完成的工作应得款项、施工单位撤离施工设备至原基地的合理费用、施工单位人员的合理遣返费用、施工单位合理的利润补偿，并签认工程款支付证书。施工单位认为应得款项不合理。

【问题】事件 16 中，项目监理机构与建设单位协商确定了施工单位应得款项合理吗？说明理由。施工单位的想法正确吗？说明理由。

【考点】《建设工程监理规范》第 6.7.1 条。

【参考答案】项目监理机构与建设单位协商确定了施工单位应得款项不合理；理由：项目监理机构应按施工合同约定与建设单位和施工单位协商确定。

施工单位的想法是正确的；理由：施工单位的应得款项还应该包括施工单位按批准的采购计划订购工程材料、构配件、设备的款项；施工单位撤离施工设备至其他目的地的合理费用；施工合同约定的建设单位应支付的违约金。

【案例 111】

【背景资料】某工程，实施过程中发生如下事件：

事件 17：施工合同在进行过程中，由于施工单位破产导致施工合同无法继续履行，经协商进行解除合同。项目监理机构与建设单位和施工单位协商后，以书面形式提交给了施工单位应得款项证明，证明中的应得款项包括施工单位已提供的临时工程的价值；对已完工程进行检查和验收所需的费用；对已完工程进行修复已完工程质量缺陷所需的费用。

【问题】事件17中，项目监理机构提交给施工单位应得款项是否妥当？如不妥，请改正。

【考点】《建设工程监理规范》第6.7.2条。

【参考答案】项目监理机构提交给施工单位应得款项不妥当。还应该包括：施工单位已按施工合同约定实际完成的工作应得款项和已给付的款项；施工单位已提供的材料、构配件、设备等的价值；对已完工程进行移交工程资料等所需的费用。

七、监理文件资料管理

【案例112】

【背景资料】某工程，实施过程中发生如下事件：

事件1：在某次项目监理机构提交给建设单位的监理工作总结中，主要从建设工程监理合同履行情况、监理工作成效、说明和建议这三方面来总结，建设单位认为总结的内容不够全面。

【问题】事件1中的监理工作总结的内容全面吗？如不全面，请补充。

【考点】《建设工程监理规范》第7.2.4条。

【参考答案】事件1中的监理工作总结的内容不全面。应补充：工程概况、项目监理机构、监理工作中发现的问题及其处理情况。

【案例113—20160304】

【背景资料】某工程，实施过程中发生如下事件：

事件2：建设单位要求项目监理机构在整理监理文件资料后，将需归档保存的监理文件资料直接移交城建档案管理机构。

【问题】指出事件2中建设单位要求的不妥之处。写出监理文件资料归档的正确做法。

【考点】《建设工程监理规范》第7.3.2条。

【参考答案】事件2中建设单位要求的不妥之处及监理文件资料归档的正确做法如下：

不妥之处：项目监理机构将需归档保存的监理文件资料直接移交城建档案管理机构。

正确做法：项目监理机构在整理监理文件资料后，将完整的监理资料提交给建设单位；建设单位在审查无误后，将监理文件资料移交城建档案管理机构归档保存。

八、设备采购监理与设备监造

【案例114】

【背景资料】某工程，实施过程中发生如下事件：

事件1：在某一设备采购和监造前，项目监理机构根据建设单位编制的设备采购与设备监造工作计划，编制了设备采购与设备监造方案。

【问题】指出事件 1 中的不妥之处并改正。

【考点】《建设工程监理规范》第 8.1.2 条。

【参考答案】事件 1 中的不妥之处及正确做法：

（1）不妥之处：建设单位编制的设备采购与设备监造工作计划。

正确做法：应由项目监理机构编制设备采购与设备监造工作计划。

（2）不妥之处：项目监理机构编制设备采购与设备监造方案。

正确做法：项目监理机构应协助建设单位编制设备采购与设备监造方案。

【案例 115】

【背景资料】某工程，实施过程中发生如下事件：

事件 2：某设备采购时，建设单位采用招标方式进行，项目监理机构组织设备采购招标，并同设备供货商进行了采购合同谈判，最后建设单位确定了一家设备供货商，并签订了设备采购合同。

【问题】事件 2 的做法有何不妥？并改正。

【考点】《建设工程监理规范》第 8.2.1、8.2.2 条。

【参考答案】事件 2 中的不妥之处及正确做法：

（1）不妥之处：项目监理机构组织设备采购招标。

正确做法：项目监理机构应协助建设单位按有关规定组织设备采购招标。

（2）不妥之处：项目监理机构同设备供货商进行了采购合同谈判。

正确做法：项目监理机构应协助建设单位进行设备采购合同谈判。

【案例 116】

【背景资料】某工程，实施过程中发生如下事件：

事件 3：在设备监造过程中，项目监理机构要求设备制造单位按批准的检验计划和检验要求进行设备制造过程的检验工作，并应做好检验记录。专业监理工程师在某审核中发现某设备发生质量失控。

【问题】针对事件 3，项目监理机构应如何处理？

【考点】《建设工程监理规范》第 8.3.5 条。

【参考答案】针对事件 3，项目监理机构的处理：由总监理工程师签发暂停令，提出处理意见，并及时报告建设单位。

【案例 117】

【背景资料】某工程，实施过程中发生如下事件：

事件 4：在设备监造过程中，总监理工程师要求专业监理工程师对设备制造单位提交的付款申请、索赔文件、设备制造结算文件进行审查，并提出审查意见。

【问题】事件 4 中，就设备制造单位提交的付款申请、索赔文件、设备制造结算文件在专业监理工程师提出审查意见后，项目监理机构该如何进行？

【考点】《建设工程监理规范》第 8.3.11、8.3.12、8.3.13 条。

【参考答案】专业监理工程师对付款申请提出审查意见后，应由总监理工程师审核后签发支付证书。

专业监理工程师对索赔文件提出意见后，报总监理工程师，并由总监理工程师与建设单位、设备制造单位协商一致后签署意见。

专业监理工程师对设备制造结算文件提出审查意见后，应由总监理工程师签署意见后报建设单位。

九、相关服务

【案例 118】

【背景资料】某工程，实施过程中发生如下事件：

事件 1：在工程勘察设计阶段，工程监理单位组织编制了工程勘察设计任务书，并选择了工程勘察设计单位，建设单位与勘察设计签订了工程勘察设计合同。

【问题】指出事件 1 的不妥之处，并写出正确做法。

【考点】《建设工程监理规范》第 9.2.1 条。

【参考答案】事件 1 的不妥之处及正确做法：

（1）不妥之处：工程监理单位组织编制了工程勘察设计任务书。

正确做法：工程监理单位协助建设单位编制工程勘察设计任务书。

（2）不妥之处：工程监理单位选择了工程勘察设计单位。

正确做法：工程监理单位协助建设单位选择工程勘察设计单位。

【案例 119】

【背景资料】某工程，实施过程中发生如下事件：

事件 2：工程勘察任务完成后，勘察单位提交了勘察成果报告，工程监理单位审查后签署了勘察成果评估报告，该报告的内容包括：勘察工作概况、勘察报告编制深度和评估结论。随后组织了勘察成果验收。

【问题】指出事件 2 中的不妥之处，写出正确做法。

【考点】《建设工程监理规范》第 9.2.6 条。

【参考答案】事件 2 的不妥之处及正确做法：

（1）不妥之处：工程监理单位审查后签署了勘察成果评估报告。

正确做法：工程监理单位审查勘察成果报告后，应向建设单位提交勘察成果评估报告。

（2）不妥之处：勘察成果评估报告的内容不全面。

正确做法：还应该包括与勘察标准的符合情况、勘察任务书的完成情况、存在问题及建议。

（3）不妥之处：工程监理单位组织了勘察成果验收。

正确做法：工程监理单位参与勘察成果验收。

【案例 120】

【背景资料】某工程，实施过程中发生如下事件：

事件 3：在工程设计阶段，设计单位提交了设计阶段成果报审表，工程监理单位审查了设计成果，并提出了评估报告。该评估报告主要从设计工作概况、设计任务书的完成情况、与设计标准的符合情况、存在的问题及建议方面进行编写。

【问题】事件 3 中的评估报告的内容是否全面？不全面，请补充。

【考点】《建设工程监理规范》第 9.2.10 条。

【参考答案】事件 3 中的评估报告的内容不全面。还应补充：设计深度、有关部门审查意见的落实情况。

【案例 121】

【背景资料】某工程，实施过程中发生如下事件：

事件 4：工程监理单位在工程设计阶段提供服务过程中，建设单位对监理单位提出以下要求：（1）组织专家评审设计单位提出的新材料、新工艺、新技术、新设备；（2）分析可能发生索赔的原因，并应制定防范对策；（3）组织专家对设计成果进行评审；（4）向政府有关部门报审有关工程设计文件；（5）审查设计单位提出的设计概算、施工图预算，提出审查意见；（6）组织处理勘察设计延期、费用索赔等事宜。

【问题】逐条判断事件 4 中建设单位对监理单位提出的要求是否合理？不合理，请改正。

【考点】《建设工程监理规范》第 9.2.12、9.2.13、9.2.14、9.2.15、9.2.16、9.2.17 条。

【参考答案】事件 4 中建设单位对监理单位提出的要求是否合理的判断：

（1）不合理。正确做法：协助建设单位组织专家评审。

（2）合理。

（3）不合理。正确做法：协助建设单位组织专家对设计成果进行评审。

（4）不合理。正确做法：协助建设单位向政府有关部门报审有关工程设计文件。

（5）合理。

（6）不合理。正确做法：协调处理勘察设计延期、费用索赔等事宜。

【案例 122】

【背景资料】某工程，实施过程中发生如下事件：

事件 5：在工程进行过程中，某分部工程出现质量缺陷，工程监理单位进行了进行调查，调查结束后，与建设单位确定了责任的归属。该工程质量缺陷不是施工单位原因造成的，工程监理单位核实了施工单位申报的修复工程费用，并签认工程款支付证书后直接付款。

【问题】指出事件 5 的不妥之处，并改正。

【考点】《建设工程监理规范》第 9.3.3 条。

【参考答案】事件 2 的不妥之处及正确做法：

（1）不妥之处：工程监理单位与建设单位确定了责任的归属。

正确做法：应与建设单位、施工单位协商确定责任归属。

（2）不妥之处：工程监理单位签认工程款支付证书后直接付款。

正确做法：工程监理单位应签认工程款支付证书的同时报建设单位。

十、附录

【案例123—20030403】

【背景资料】监理单位承担了某工程的施工阶段监理任务，该工程由甲施工单位总承包。甲施工单位经建设单位同意并经监理单位进行资质审查合格的乙施工单位作为分包。施工过程中发生了以下事件。

事件1：专业监理工程师在巡视时发现，甲施工单位在施工中使用未经报验的建筑材料，若继续施工，该部位将被隐蔽。因此，立即向甲施工单位下达了暂停施工的指令（因甲施工单位的工作对乙施工单位有影响，乙施工单位也被迫停工）。同时，指示甲施工单位将该材料进行检验，并报告了总监理工程师。总监理工程师对工序停工予以确认，并在合同约定的时间内报告了建设单位。检验报告出来后，证实材料合格，可以使用，总监理工程师随即指令施工单位恢复了正常施工。

【问题】针对事件1，专业监理工程师是否有权签发本次暂停令？为什么？下达工程暂停令的程序有无不妥之处？请说明理由。

【考点】《建设工程监理规范》附录A.0.5。

【参考答案】（1）专业监理工程师无权签发工程暂停令。

理由：《工程暂停令》由总监理工程师签发，这是总监理工程师的权力。

（2）程序有不妥之处。

理由：专业监理工程师应报告总监理工程师，由总监理工程师签发，工程暂停令。

【案例124—20120401】

【背景资料】某实施监理的工程，工程实施过程中发生以下事件：

事件2：甲施工单位将其编制的施工组织设计报送建设单位。建设单位考虑到工程的复杂性，要求项目监理机构审核该施工组织设计；施工组织设计经监理单位技术负责人审核签字后，通过专业监理工程师转交给甲施工单位。

【问题】指出事件2中的不妥之处，写出正确做法。

【考点】《建设工程监理规范》附录B.0.1。

【参考答案】事件2中的不妥之处及正确做法。

（1）不妥之处：甲施工单位将其编制的施工组织设计报送建设单位。

正确做法：甲施工单位将其编制的施工组织设计报送监理单位。

（2）不妥之处：施工组织设计经监理单位技术负责人审核签字。

正确做法：施工组织设计应经总监理工程师审核。

（3）不妥之处：施工组织设计经审核签字后，通过专业监理工程师转交给甲施工单位。

正确做法：施工组织设计经审核签字后，由项目监理机构报送建设单位。

【案例125—20160201】

【背景资料】某工程，实施工程中发生如下事件：

事件3：一批工程材料进场后，施工单位审查了材料供应商提供的质量证明文件，并按规定进行了检验，确认材料合格后，施工单位项目技术负责人在《工程材料、构配件、设备报审表》中签署意见后，连同质量证明文件一起报送项目监理机构审查。

【问题】指出事件3中施工单位的不妥之处，写出正确做法。

【考点】《建设工程监理规范》附录 B.0.6。

【参考答案】事件3中施工单位的不妥之处及正确做法如下：

不妥之处：施工单位项目技术负责人在《工程材料、构配件、设备报审表》中签署意见后，连同质量证明文件一起报送项目监理机构审查。

正确做法：施工单位采购的材料进场后，自检合格后由项目经理在《工程材料、构配件、设备报审表》中签字，施工项目经理部盖章，并连同工程材料、构配件、设备清单；质量证明文件；自检结果作为附件报送项目监理机构。

【案例 126—20110104】

【背景资料】某工程，监理合同履行过程中，发生如下事件：

事件4：一批工程材料进场后，施工单位质检员填写《工程材料、构配件、设备报审表》并签字后，仅附材料供应方提供的质量证明资料报送项目监理机构，项目监理机构审查后认为不妥，不予签认。

【问题】指出事件4中施工单位的不妥之处，并写出正确做法。

【考点】《建设工程监理规范》附录 B.0.6。

【参考答案】事件4中施工单位的不妥之处以及正确做法。

（1）不妥之处：施工单位质检员填写《工程材料、构配件、设备报审表》并签字。

正确做法：应由项目经理签字。

（2）不妥之处：仅附材料供应方提供的质量证明资料报送项目监理机构。

正确做法：所附材料还应包括：工程材料、构配件、设备清单和自检结果。

【案例 127—20210104】

【背景资料】某工程，实施过程中发生如下事件：

事件5：总监理工程师要求下列监理工作用表须经总监理工程师本人签字并加盖执业印章：（1）《施工组织设计/（专项）施工方案报审表》；（2）《工程开工报审表》；（3）《监理报告》；（4）《工程材料、构配件、设备报审表》；（5）《工程暂停令》；（6）《工程开工令》。

【问题】针对事件5，依据《建设工程监理规范》，逐项指出总监理工程师的要求是否正确。

【考点】《建设工程监理规范》附录。

【参考答案】总监理工程师的要求：

（1）正确。《施工组织设计/（专项）施工方案报审表》需总监理工程师签字并加盖执业印章。

（2）正确。《工程开工报审表》需总监理工程师签字并加盖执业印章。

（3）不正确。《监理报告》仅需总监理工程师签字。

（4）不正确。《工程材料、构配件、设备报审表》仅需专业监理工程师签字。

（5）正确。《工程暂停令》需总监理工程师签字并加盖执业印章。

（6）正确。《工程开工令》需总监理工程师签字并加盖执业印章。

第四节 合同文件

一、建设工程监理合同（示范文本）的应用

【案例1—20030405】

【背景资料】监理单位承担了某工程的施工阶段监理任务，该工程由甲施工单位总承包。甲施工单位经建设单位同意并经监理单位进行资质审查合格的乙施工单位作为分包。施工过程中发生了以下事件。

事件1：对施工单位的索赔，建设单位称：本次停工系监理职责的失职造成，且事先未征得建设单位同意。因此，建设单位不承担任何责任，由于停工造成施工单位的损失应由监理单位承担。

【问题】针对事件1，建设单位的说法是否正确？为什么？

【考点】建设工程监理合同的有关内容。

【参考答案】建设单位的说法不正确。

理由：索赔的关键要看双方有没有合同关系。施工单位与建设单位有合同关系，与监理单位没有合同关系。而且监理单位是在建设工程监理合同授权内行使职责，因此，施工单位所受的损失不应由监理单位承担，应由建设单位承担；建设单位的损失再和监理单位商议解决。

【案例2—20030401】

【背景资料】监理单位承担了某工程的施工阶段监理任务，该工程由甲施工单位总承包。甲施工单位经建设单位同意并经监理单位进行资质审查合格的乙施工单位作为分包。施工过程中发生了以下事件。

事件2：专业监理工程师在熟悉图纸时发现，基础工程部设计内容不符合国家有关工程质量标准和规范。总监理工程师随即致函设计单位要求改正并提出更改建议方案。设计单位研究后，口头同意了总监理工程师的更改方案，总监理工程师随即将更改的内容写成监理指令通知甲施工单位执行。

【问题】针对事件2，请指出总监理工程师上述行为的不妥之处并说明理由。总监理工程师应如何正确处理？

【考点】监理合同中关于监理人的权利。

【参考答案】总监理工程师的不妥之处在于不应直接致函设计单位。

理由：根据建设工程监理合同对于监理人的权利的规定，监理人无权直接致函设计单位修改图纸，只有对图纸中存在的问题通过建设单位向设计单位提出书面意见和建议的权利。

正确做法：应向建设单位报告，通过建设单位向设计单位提出变更请求。

【案例3—20190403】

【背景资料】某工程，建设采用公开招标方式选择工程监理单位，实施过程中发生如下事件：

事件3：监理合同订立过程中，建设单位提出应由监理单位负责下列四项工作：①主持设计交底会议；②签发《工程开工令》；③签发《工程款支付证书》；④组织工程竣工验收。

【问题】针对事件3，依据《建设工程监理合同（示范文本）》，建设单位提出的四项工作分别由谁负责？

【考点】各工作的负责人。

【参考答案】事件3中依据《建设工程监理合同（示范文本）》建设单位提出的四项工作的负责对象：

（1）建设单位负责主持设计交底会议。

（2）总监理工程师签发《工程开工令》。

（3）总监理工程师签发《工程款支付证书》。

（4）建设单位负责组织工程竣工验收。

【案例4—20090205】

【背景资料】某实行监理的工程，实施过程中发生下列事件：

事件4：由于施工单位的原因，施工总工期延误5个月，监理服务期达30个月。监理单位要求建设单位增加监理费32万元，而建设单位认为监理服务期延长是施工单位造成的，监理单位对此负有责任，不同意增加监理费。

【问题】事件4中，监理单位要求建设单位增加监理费是否合理？说明理由。

【考点】建设工程监理合同内容。

【参考答案】事件4中，监理单位要求建设单位增加监理费是合理的。

理由：监理单位是受建设单位的委托，对施工单位进行监督管理。监理单位与建设单位有合同关系，而与施工单位并没有合同关系，由于建设单位与施工单位存在合同关系，对监理单位而言，因施工单位的原因造成监理服务期延长的责任应由建设单位承担。

【案例5】

【背景资料】某工程，建设单位与监理单位约定的监理工作内容包括：

（1）主持图纸会审和设计交底会议；

（2）主持第一次工地会议；

（3）组织工程竣工验收，签署竣工验收意见；

（4）签发或出具工程款支付证书。

【问题】建设单位与监理单位约定的监理工作内容是否妥当？不妥请写出正确做法。

【考点】《建设工程监理合同（示范文本）》"2.1.2 监理人的义务"。

【参考答案】建设单位与监理单位约定的监理工作内容是否妥当的判断：

（1）不妥。正确做法：应该参加由委托人主持的图纸会审和设计交底会议。

（2）不妥。正确做法：应该参加由委托人主持的第一次工地会议。

（3）不妥。正确做法：应该是参加工程竣工验收，签署竣工验收意见。

（4）妥当。

二、建设工程施工合同（示范文本）

【案例 6—20110203】

【背景资料】某实施监理的工程，在招标与施工阶段发生如下事件：

事件 1：施工中因地震导致：施工停工 1 个月。已建工程部分损坏；现场堆放的价值 50 万元的工程材料（施工单位负责采购）损毁；部分施工机械损坏，修复费用 20 万元；现场 8 人受伤，施工单位承担了全部医疗费用 24 万元（其中建设单位受伤人员医疗费 3 万元，施工单位受伤人员医疗费 21 万元）；施工单位修复损坏工程支出 10 万元。施工单位按合同约定向项目监理机构提交了费用补偿和工程延期申请。

【问题】根据《建设工程施工合同（示范文本）》，分析事件 1 中建设单位和施工单位各自承担哪些经济损失。项目监理机构应批准的费用补偿和工程延期各是多少？（不考虑工程保险）

【考点】《建设工程施工合同（示范文本）》中关于不可抗力条款对损失责任的规定。

【参考答案】事件 1 中建设单位应承担的经济损失：（1）现场堆放的价值 50 万元的工程材料的损毁；（2）建设单位受伤人员医疗费 3 万元；（3）修复损坏工程支出 10 万元。

事件 3 中施工单位应承担的经济损失：（1）部分施工机械损坏的修复费用 20 万元；（2）施工单位受伤人员医疗费 21 万元。

项目监理机构应批准的费用补偿＝ 50+3+10=63 万元。

停工损失应由施工单位承担，但工期相应顺延。故，项目监理机构应批准的工期延期为 1 个月。

【案例 7—20160202】

【背景资料】某工程，实施工程中发生如下事件：

事件 2：工程开工后不久，施工项目经理与施工单位解除劳动合同后离职，致使施工现场的实际管理工作由项目副经理负责。

【问题】针对事件 2，项目监理机构和建设单位应如何处置？

【考点】项目经理的更换。

【参考答案】针对事件 2，项目监理机构和建设单位的处置如下：

（1）项目监理机构和建设单位应当书面通知施工单位更换项目经理。

（2）施工单位应当派遣同等资质、履历能力的项目经理。

（3）经过项目监理机构和建设单位书面同意后，方可正式进入现场展开工作。

【案例 8—20200204】

【背景资料】某工程，实施过程中发生如下事件：

事件 3：某隐蔽工程完工后，建设单位对已验收隐蔽部位的质量有疑问，要求进行剥离检查。事后，施工单位提出费用索赔。

【问题】针对事件 3，建设单位的要求是否合理？项目监理机构是否应同意建设单位的要求？项目监理机构应如何处理施工单位提出的费用索赔？

【考点】《建设工程施工合同（示范文本）》GF—2017—0201 "5.3.3 隐蔽工程检查"。

【参考答案】建设单位对已验收的隐蔽工程质量进行重新剥离检查的要求合理。

项目监理机构应同意建设单位的要求。

剥离检查合格的，项目监理机构应批准索赔；不合格的，不批准索赔。

【案例 9】

【背景资料】某工程，发包人与承包人根据《建设工程施工合同（示范文本）》签订了施工合同。在合同专用条款中约定：

（1）由监理人组织发包人、承包人和设计人进行图纸会审和设计交底。

（2）发包人至迟不得晚于开工通知载明的开工日期前 28d 向承包人提供图纸。

（3）承包人在收到发包人提供的图纸后，发现图纸存在差错、遗漏或缺陷的，应及时通知设计人。

（4）图纸需要修改和补充的，应经图纸原设计人及监理人同意。

【问题】判断发包人与承包人在合同专用条款中约定的内容是否妥当？不妥请写出正确做法。

【考点】《建设工程施工合同（示范文本）》"1.6 图纸和承包人文件"。

【参考答案】

（1）不妥。正确做法：应该由发包人组织承包人、监理人和设计人进行图纸会审和设计交底。

（2）不妥。正确做法：应该是发包人至迟不得晚于开工通知载明的开工日期前 14d 向承包人提供图纸。

（3）不妥。正确做法：应该是承包人在收到发包人提供的图纸后，发现图纸存在差错、遗漏或缺陷的，应及时通知监理人。

（4）不妥。正确做法：图纸需要修改和补充的，应经图纸原设计人及审批部门同意。